潛台詞
誘導心理學

THE UNSPOKEN WORDS

層層揭開人性的真相

作者：龍震天

序

感謝大家的支持，讓我這本之前的著作《讓別人為你加分》得以重新包裝再版。這本書在當時來說銷情極佳，在很短的時間之內再版。

因為再版的關係，我就再翻看了原稿，意想不到的是，我一口氣將整本書從頭至尾看完，因為內容太吸引了。

書中所教授的技巧，都是有用而實際的，例如談判心理學，如何將説話重新包裝才對別人説，不同的場合要説甚麼好聽的話，這些都在書中一一提及和透過實例去讓大家明白。

我們身處的，是一個不公平的世界，如何在不公平的世界之中取得優勢，似乎是現在最重要的課題；而語言技巧，就是讓你「在不公平的世界之中取得優勢」的最厲害武器。

你要提升你的説話能力及技巧，最重要是明白，了解這本書所提及的重點，然後好好應用在日常生活，工作及感情上，你的運勢就會有所提升。

本書是每個人都不可或缺的語言工具書，讓我們一起了解語言技巧的法則，幫助自己改變運氣，增強人緣運及感情運。

龍震天

網站：www.sunchiu.com
網誌：http://blog.yahoo.com/masterdragon
電郵：info@masters.com.hk

目錄

Chapter 03 道亦誘導：成為職場萬人迷

Chapter 04 誘話必說：讓說話成為你的最佳武器

Chapter

01

話誘口德：說出口會嚇怕人的話

「幾好」「唔錯」如同無講過

著名企業顧問公司 Mckinsey 說過：「Presentation is the killer tool that we could bring to the real world, it's an almost unfair advantage.」（我們可以利用語言技巧及表達能力在這個不公平的社會上取得優勢。）表達能力，是世上一件最厲害的武器：無論你多有才華都好，如果你沒有良好的表達能力，便很難在社會上取得優勢。

正如我在《思想改變運氣》的系列書籍提過：這個社會本來就是不公平的。要在這個不公平的社會上取得優勢，你就有必要學習一些「遊戲規則」，它的效果總比你不斷地付出，卻又得不到公平的待遇好得出。而表達能力，就是令你在不公平的社會上取得優勢的秘密武器。

不過，關於改善表達能力的方法，我會在稍後的章節和大家再作分享。現在，我先和大家講解「具體說明」的重要性。

我們所說的話對方未必完全明白

有很多人都會犯上同一個毛病：在說話時只會從自己的角度出發。這樣說話又有什麼問題呢？最大的問題就是在說話時以為對方會知道很多，其實並不知道的事情。

於是，即使你再怎樣說，對方可能仍然不知道你想說什麼，結果便失去了溝通的意義。

例如有人問一部電影好不好看，如果你只說「好看」或「不好看」的話，對方便不會知道背後的真正原因。對方問你這條問題的目的，除了要知道你是否覺得這部電影是否好看外，更重要的是他想知道你對這部電影的看法。

所以，如果對方問你這條問題的時候，你除了說出你是否喜歡這部電影之外，你應該說出你自己對這部電影的看法。例如：

「這部電影非常好看。除了主角做得很好之外，我更喜歡那種懾人

心神的場景和故事結構；除此之外，我也喜歡導演對男女主角的感情描寫。」

以上的說話方式，是不是來得更清楚？

加上具體字眼令對方明白

除了加上自己的看法之外，有時候我們也可能要加上一些大家都明白及比較客觀的字眼，這樣會令你的說話變得容易明白得多。

例如當別人問你：「你覺得這道菜好不好吃？」的時候，你可以這樣回答：「不錯，肉質豐厚，很有『咬口』；不過味道只是淡了些。」

「肉質豐厚」、「很有『咬口』」、「味道淡」這些字眼都是大家所能明白的，所以大家都會明白你在說什麼。

如果你說「不錯，很好吃，但有一點兒不合口味。」這樣的話就令人莫明其妙了。因為他們都會不自覺地想：怎樣不錯？怎樣好吃？怎樣不合口味？

通常人都會拒絕思考，當你說話時會令對方產生問題的話，你說的話就會令對方不能產生共鳴，而且對方也要費神去了解你的說話，這些都不是很好的表達技巧。

我們說話時要「言之有物」即是此理。說話時多從「理性」的角度出發，而盡量避免「感性」的字眼會令你的表達能力馬上得到改善。

最怕是遇著那些多愁善感的人，他們說的話多屬空洞無物，常常說一些感覺的事情，這些形容詞在當事人來說可能會很受落，但在對方的心目中就可能會較難明白。

數字是雙方能理解的東西

除此之外，適當的時候加上數字，會令到大家更能具體明白你想表

達的東西。

例如對方問你：「這個程式需時多久才能寫成？」如果你答：「需要多一點時間」的話，對方根本不能清楚知道你說什麼，但如果你能夠說出：「需要三個月的時間」的話，對方就會知道你想表達的意思。

數字是客觀的東西，而且也不容易改變，利用數字更能令你的話說得清楚。

我們再舉另一個例子。

小明對大雄說：「我昨天釣到了一條大魚。」

大雄說：「很大嗎？有多大？」

小明說：「大約是二十厘米長吧。」

大雄自己用手比了一下，然後道：「哦，是這樣嗎？那不算很大條呀，在我看來，這只是一條小魚

呢！」

在小明心目中，「二十厘米長」的魚是很大的。相反，在大雄心目中，「二十厘米長」的只是一條小魚。如果小明沒有說明這條魚的長度的話，大雄就會誤解了小明的意思了。因為形容詞「大小」、「多少」和「長短」，都是大家根據過往的經驗而作出的判斷，如果不加上數字說清楚的話，對方可能不會想像得到。

所以，說話時將事物具體化是有必要的，也會令你的表達能力馬上得到改善。

「即係呢」即係咩？

有些人會不自覺地，在說話中重複又重複地陳述同一個論點，甚至是同一句句子，即是所謂的「長氣」和「囉嗦」。那麼，即使你說的話是多麼實在，又或者道理是如何的精闢，經過這樣的說話方式，出來的效果都會是令人厭煩的。

那麼，口頭禪是我們的性格特徵，還是人類的本能反應？

「口頭禪」其實是一種條件反射。當一個人在思索下一句說話應怎麼說時，都會不自覺地用上它。

有些人會認為，「口頭禪」是一種個人特徵，沒什麼大不了。可是，在說話之中夾雜著過多的口頭禪，就會和「言簡意賅」的理念背道而馳，大大減低了你說話的吸引力，以及講話能給予聽眾的信心。

最常見的口頭禪有：

「即係……」

「未知你是否同意？」

「OK？」

「我的意思是……」

以上的口頭禪當中，我發覺最多人用的就是「即係」，很多人都會不自覺在說話當中不停的加上「即係」，形成說話過於長氣。要改善口頭禪，我們可以從兩方面去作考慮：

1 自己主動改善

在和別人的日常對話中，自己要不時留意，看看說話之中有沒有特別的「口頭禪」。假如有的話，就要刻意作出避免。一般情況下，主動避免可以減省一半的口頭禪。

此外，如果可以的話，我建議大家將自己的說話錄下來。錄音的最大好處，是當你重聽自己的說話時，你會聽到很多你不曾注意的東西，「口頭禪」就是其中之一。

我在舉辦課程的時候也會錄音，而在課堂之後我也會拿來重聽，目的之一就是要找出自己的「口頭禪」而加以避免。

現時市面上有很多通訊器材，又或者科技產品（例如MP3機）都具備這種功能，相信要辦到這點，不難。

2 和朋友「齊齊來找碴」

找一些自己相熟的朋友或同事，問他們自己最常說的口頭禪是什麼，從而得以知悉及改善。

有些時候，即使你多麼留心也好，你也可能會忽略了一些口頭禪。因為人是主觀的，有很多口頭禪因為聽慣了而不自覺，但在第三者的耳中，卻很「礙耳」，所以找別人聽聽自己的說話也是一個很好的做法。

在開始的時候，你可能會發覺在說話之中有很多的停頓，因為那些停頓的地方，正是你想說口頭禪的地方。但語言也是一種練習，正所謂「工多藝熟」，練習得多就自然會好；所以在不斷的練習後，你會發覺說口頭禪的次數明顯會減少了很多。而你的說話也自然會增加不少的吸引力和說服力。

你是一個「鬧咗先算」的人嗎？

在大部分的情況之下，寧可靜默，也不要說一些批評對方的說話。如何間接將批評的說話告訴對方，便是一門高深的學問。

我發覺身邊很多受歡迎的朋友，他們大多都有一個共通點：不會隨便批評身邊的人。

我想這點很大程度上是受到家庭環境所影響：有些父母，管教孩子的態度積極，為了令孩子擁有正面的人生觀，他們往往會在教育兒女的時候，向孩子說些具鼓勵性的說話，令他們充滿自信，每件事情都讓他們放膽去做；相反，在另一些父母的眼中，子女永遠是不濟的，做任何事情都是不對，於是他們時常對孩子說些批評的說話，影響親子的關係。

恐怖的負能量發射者

那麼，這樣會產生怎樣的結果？根據一些研究所得，自小受盡家中父母批評的人，長大後多數都會對現實有極強烈的不滿；而自小在家中得到正面教導的人，將來在出來社會做事之後都很少批評別人。

我們從小就受到家庭環境所影響，這點是無庸置疑的；不過無論你是那一類型的人都好，你只要在日常生活之中留意一下自己的說話，你就極有可能將這個問題糾正過來。

即使說法是多麼正確都好，沒有人願意接受批評。善意的批評還可以，每天重複圍繞著同一件事而作出批評的人，大多都沒有朋友願意和他相處。

人喜歡接受正面的訊息。例如笑容，就是正面的訊息。另一方面，批評則是負面的訊息；如果可以的話，我們應該盡量避免批評別人，即使到必要的時候，也要婉轉一些，絕不能一開始就說批評別人的說話。那些一開口就只顧批評事件，滿口不滿的人，朋友只會遠遠的避開。

至於批評的說話，是含有「不同意對方」或「否定對方想法」的意思，也有些情況是「對事情不滿意而加入自己的見解」。例如：

1 不同意對方

「我覺得你這樣做不對。」

「我完全不同意你的見解。」

「我這樣說你有錯嗎？」（暗示要對方同意有錯）

2 否定對方想法

「我覺得你這樣做不是一個正確的做法。」

「你這樣想，肯定是想錯了！」

「你這個肯定是不切實際的想法！」

3 對事情不滿意並加入自己的見解

「終日沉迷於電腦遊戲之中是不對的，你應該用心讀書才對。」

「創業的決定是不好的，你現在還不錯嘛！為什麼要自找麻煩？」

「A不是很好嗎？為什麼你要選擇B呢？」

以上三種情況，我們都要加倍留意，並予以避免。因為稍一不慎，我們就會不自覺的衝口而出，說出這些無謂的說話，惹人討厭。因為在人的潛意識之中，自出娘胎開始，就會對身邊不滿的事情予以批評，以完成自我滿足的慾望；不過，這些習慣都可以透過後天的努力而改變。

儘管我們平日需要留意少說批評對方的說話，但有時候也會無可避免需要批評對方的。在這個時候，我們應該避重就輕，找一些人少的場合，又或沒有第三者在場的地方輕輕提點。沒有人是不愛面子的，如果你公開批評對方的話，你就有必要留意同時將你批評說話聽進去的是那些人，人數當然是越少越好。

先稱讚後批評，對方較容易接受

在另一方面，我們不妨在批評對方的時候，先說數句讚美的說話，而自己的說話也應該從正面的角度出發，批評並不一定是惡意；有時候，批評的目的只是想為對方著想，作出適當的提點而已，這種情況最常見於父母對子女。

父母對子女的愛無微不至，這是一個不爭的事實；不過大部分父母都不會將言辭修飾，導致出來的說話不大好聽，也不大被子女所接受。其實同一番說話，如果在說出來之前留意一下，效果可以有很大的不同。

批評只會失去和子女之間的感情

現在家長最常遇到的管教問題，就是孩子一回到家便關上房門，整天對著電腦玩遊戲。而父母通常都是實話實說，以為責罵就能令子女不再整天對著電腦。

其實他們這樣做，並沒有顧及子女的感受；如果能夠先和他們溝通一下，不要擺出一副長輩的姿態，甚至和他們一起玩，便可能會看到一些從來沒有想過的事情。

無可避免批評時，最好單獨進行

又例如上司對下屬，如果看到有一些東西是下屬做錯，而無可避免要作出批評的話，上司也可以在和他們獨處的時候才說出改善的建議。有時候，當著一大班人面前批評下屬會令他找不到下台階而得到反效果。

在另一方面，你不妨在作出改善建議之前說一些讚美的說話，令到下屬感受得到你是重視他的，而你所作出的改善建議是正面的。

既然事情已經發生了，即使你作出多嚴重的責罵也是無補於事，也可能會令到你和下屬的關係轉差。在這個時候，你倒不如大方的去接受對方的錯處，並解釋事情的來龍去脈，怎樣修補問題以及防止事情再次發生才是一個最好的做法。

放低「我」、「我」、「我」

試看看以下的說話，看看出了什麼問題？

「我覺得在這個銷售計劃上，我們用的策略整體上是不錯的。但我覺得，如果能夠加上電腦工程人員配合的話，我深信效果一定會好得多。」

原來人類說話的出發點，大部分以自己為中心的——「我」。

大部分人說話都用了「我」、「我認為」、「我覺得」這些主觀的字眼，全因為說話的出發點是在於自己，而不是站在對方的立場。

說話主觀，代表自己並未顧及他人。在聽者來說，你的想法並未有顧及對方；因此，對方覺得你所說的話，或你所做的事情都是為了自己，而沒有站在對方的立場。

其實要防止這種事情發生是很簡單的，就是避免在說話之中加上「我」這個第一身的字眼。

對方的小錯處不要將它放大

另一方面，有時候我們會看出一些對方也不太在意的錯處，如果是這樣的話，我們就不要說出來，因為說出來也對你沒有好處，只會令到對方反感；除非是一些非常嚴重的錯誤，我們也要間接地說出來，以免傷了對方的自尊心，如果是一些無傷大雅的錯誤的話，就由得它算了。

直接指出一些不太嚴重的錯誤，只會令到對方覺得你是一個很難相處的人，我們常說別人「做事認真」就是這一類的人。「做事認真」只是一種客套的稱呼或評語而已，其實背後所指的意思就是「不勝其煩」、「很難相處」。

我有一個習慣，就是在遇見一些陌生的朋友時，我都會利用七成的時間來聽他說話及介紹自己，只用三成的時間去發表自己的意見。為什麼呢？因為我能夠聽多一點，了解對方就多一點，好等我所說的話能夠

因應對方的立場或想法而說出來。這種做法有一個好處，就是你的說話能夠被對方認同的機會自然大得多。

每個人都會有自己的觀點

人只會做自己認為對的事情。每一個動作或每一句說話，背後都一定有其動機，在我們不了解對方的動機之前，我們切勿妄下判斷，覺得對方這種想法是錯誤的。

每個人的背景不同，所受的教育也不同，所以不同的人一定有著不同的道德標準。如果我們只利用自己心中的尺來量度對方的話，很容易就會覺得有問題；因此，我們一定要好好了解對方的背景，才可以進入對方的內心世界，和對方好好溝通。

不用「我」這個字眼，你可以改為「你們」。與其用「我覺得」的話，我反而更喜歡用「你認為怎麼樣」。這樣可以讓對方發表心中的意見，而你也可以從對方的意見之中得知對方的想法。

多易地為對方著想

另一個很有效的方法是在心中有著「如果我是他，我會怎麼樣？」的想法。這種想法會令你站在對方的立場，你會發覺你的想法會不一樣，因為你是以對方為出發點，這樣的說話就能更客觀反映事實，也會令到對方容易接受得多。

在我和客人的對話當中，我會盡量避免用上一些玄學上的專業名詞，而改為一些大家容易明白的字眼；而且，我見客論命的時候，都是雙向溝通；因為如果單單由我來說的話，我發覺對方會較難明白，而且有時候也未必能夠解答對方心中的問題。

但如果我在說話之中不時反問對方，讓對方有發言的機會，我發覺自己會更容易進入對方的世界，利用對方的想法來解答問題。我不時會問對方：「如果是這樣的話，你覺得會比較容易找到工作嗎？」又或者：「如果你能夠作出這些改變的話，你認為對你的運氣有幫助嗎？」這樣對方就能夠較易理解我想帶出的道理及更容易接受我的想法。

「我知」是暴露無知的一句話

以下是我曾遭遇過的事情：

有一次，我要投訴一間電訊公司的服務差勁，豈料那位員工竟然一開頭就道：「我知道。」

當時，我不禁搶白道：「你知道什麼？知道你公司的服務差勁嗎？」

他又道：「我知……」

我問他：「你知什麼？」

然後靜下來聽聽對方說什麼，他啞口無言。

跟著，我將情況詳細的告訴了他。然後他又說：「我知，你是說我們公司……」但他的覆述完全曲解了我的意思。

於是，我對他說：「如果你不知道，就不要說知道，你根本完全誤會了我的意思。」

誰料到他竟然在這個時候又道：「我知道。」

可是，到了這個地步，我已經沒有興趣再跟他說下去了。

那位員工不斷地說「我知道」可能只是一個口頭禪，但在我心目中，我就覺得他的語言表達能力極有問題。明明是一些自己並不清楚或不知道的事情，卻硬要在每句說話的開頭加上「我知」這個口頭禪，這是不應該的。留意一下你自己的說話，會否也加進了這些口頭禪呢，如有，請要盡快警惕自己，改掉這些壞習慣了。

有些事情，不知道總比知道的好；將一些事情假裝成不知道，然後等對方說明，你就是一個聰明的人。

偽裝把說話聽不明白，會令你人緣運增加

我們身邊都會有這樣的人：「認叻」。說什麼他都說知道，即使一知半解也是說知道，其實這種人最討厭。我甚至將那些每句話一開頭就說：「我知」的人列為最討厭的人。

說「我知」的人其實什麼都不知道

「我知」其實只是一個口頭禪。據我觀察所得，大部分認叻的人都會在說話前加上「我知」這兩個字。可是，他是否真的全部知道呢？並不見得。「我知」只是他不自覺說出來的口頭禪而已。說「我知」的人，並不代表他真的知道或明白。

做老闆的，最討厭員工將「我知」掛在口邊。當老闆發覺員工有錯，需要作出更正的時候，如果員工還是說「我知」的話，就會給老闆有這樣的感覺：既然你知道了，為什麼還會做錯？

搶白去猜對方接著說的話是多餘的

另一方面，我們在日常生活當中也許會遇到這樣的人，別人還未將話說完，就急不及待地搶著說話，企圖去猜想對方接著下來要說的話。我們可以看以下一個例子：

A：「我們公司……」

B：「我知，你們公司有很多員工，是吧？」

A：「不是的，我是想說我們公司有很多部門，架構複雜，所以我們需要……」

B：「需要一間電腦公司來幫助你們管理電腦系統，是吧，我們公司可以提供這方面的服務，這是我們的資料，你可以看一看。」

A：「不是的，是需要一些專業人士來培訓我們電腦部的員工，從而……」

B：「我明白，這樣就能改善你們公司的服務質素了。」

A：「不是的，是從而改善公司的成本控制問題。」

以上的對話出了什麼問題？我相信大家都知道了。在這段對話當中，A是一間公司的電腦部主管，而B則是一間電腦顧問公司的營業員。我

只能說，這位營業員，是天下間最差的營業員之一，因為他也是犯了「什麼我都知道」的毛病。

對話雖然是雙向，但也要等待對方將話說完，自己才能就對方發表過的說話加插個人的見解進去，這樣盲目猜測是沒有意思的。一來你未必能夠猜到對方想說什麼；二來也會局限了對方的思維，到最後他可能說出截然不同的話，而未必令你有所得益；三來，你每次都猜錯，其實你是在自暴其短。

再者，打斷對方的說話是最沒有禮貌的事情，大部分時間，我們也不會知道對方下一句想說什麼，就算你知道，但這樣打斷對方話題，只會令到對方覺得厭煩，對你的印象自然大減。

即使你可以猜到對方想說的話，你也應該等待對方把話說完才開始加入你的見解，這是最基本的尊重和禮貌；懂得尊重對方，你的說話才會令人信服。

「老實說」是否暗示自己以前不老實？

「老實說，我想今天晚上請你飲酒。」
「為什麼呢？」
「說了你千萬不要告訴別人呀！因為我有一件事想告訴你。」
「是什麼事呢？」
「你不要耍我了，到底你來不來？」
「那到底是什麼事呢？」
「你是否這樣托我手踭呢？你真的不夠朋友！」

說這番話的人，明顯沒有語言的修養了。

說同樣的內容，但如果在開頭加上不必要的句語，就會令到整句說話變得不知所謂，令聽者很不是味兒。

這些口語未必是口頭禪，但它們和口頭禪同樣討厭，所以我們一定要留意。其實我發覺，有些朋友的說話已經說得很好了，就是加上這些令人生厭的口語，令到整句說話的意思完全改變。

在以上的例子當中，邀請朋友飲酒，談談心事本來是值得高興的事情；但由於加上了一些不必要的口語，令到整個對話變成一種很「市井」的感覺，讓對方覺得你好像吞吞吐吐，故作神秘；又或覺得你好像市井之徒一樣，扮「江湖大俠」。

如能多加留意，減除這些令人討厭的口語的話，你會發覺你的說話技巧頓時得到提升。這些令人討厭的說話，你可曾不知不覺說過呢？

1 「老實說/坦白說……」

老實說，是很多人都會放在句子開頭的一句口語。老實說之後，是真的老實話嗎？那剛才所說的就不是老實話了？你對我講大話了嗎？

2 「千萬不要告訴別人……」

說這句話的人，必然是一個說是非的人。他這樣對你說，在之前也一定對過很多人說過同樣的話。試問這樣容易將別人的秘密散播開去的人，我還敢將真話告訴你嗎？

這句口語通常用於對別人說出一些他不想別人知道的事情。用一兩次還可以，但如果經常用到這句口語，說話的人還真有點問題，也會給人失去信心。

3 「你不要耍我了！」

我個人認為說這句話的人，很有一種「低能」的感覺。如果別人真的是耍你的話，他還會給你看出來嗎？而且常說這句口語的人，通常都會給別人一種「不是做大事的感覺」。我們幾時看過成功人士說「你不要耍我了」？

4「我很忙，沒有時間聽你說話」

說這話的人有兩種，一種是真的很忙，而另一種則是裝忙，大部分都是屬於後者。我們在拒絕別人拍門推銷時，通常都會用到這一句說話。

如果你聽到這句說話的時候，你會怎麼想呢？就是對方根本不重視你，如果你將這句說話掛在口邊的話，你很快就會失去很多朋友，也會減弱了你的人際關係。

如果你真的很忙，你可以說「我很忙，如果你不介意的話，我遲點再找你。」這樣的說話就得體很多了。

5「你有什麼了不起？」

在任何情況之下，我們都不應否定對方，說這話的人，妒忌心一定很重，而不值別人勝過他們。這句說話會傷了朋友的心，也揭露了你的妒忌心，俗語有云：「吃不到的葡萄是酸的！」可能你只是說說笑而已，但「言者無心，聽者有意」，我們還是應該盡量避免吧。

6 「我就是不信！」

有時候，對方說了一些令自己難以信服的話，可能會不自覺地說出「我就是不信！」這樣的話語。其實這句說話背後的意思，就是全盤否定對方的想法。對方可能只是告訴你一個事實，並沒有叫你相信；你這樣說只是自討沒趣。

7 「你要聽我的話！」

這是一句很霸道的說話，父母尚且不可以對子女如此（雖然大部分父母都是如此），更何況朋友之間的對話了。沒有人有義務或責任去聽另一個人的說話，朋友之間只能商量，不能勉強。說這話好像是居高臨下一樣，你是君主，對方是臣子；即使對方聽你的話，但你在對方的心目中已留下了一個不良的印象。

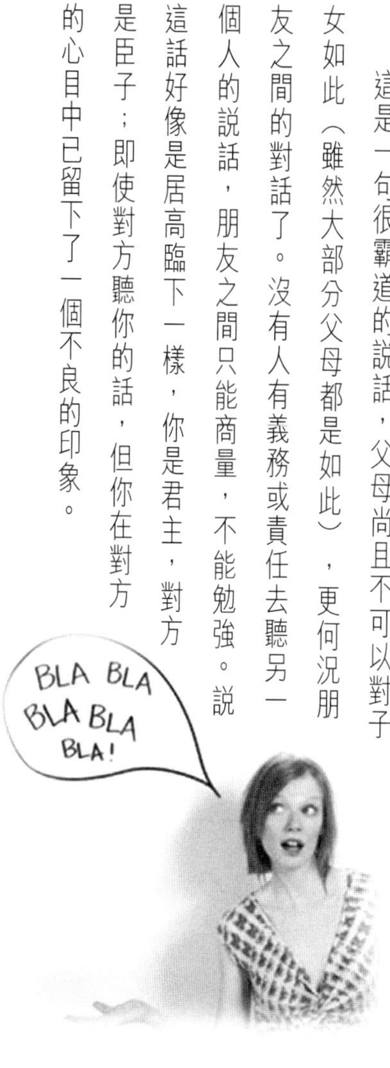

8 「你這樣是否『托我手踭』？」

這句說話其實是要對方賣你一個人情。既然對方不答應，就應想些別的辦法，向對方再游說一下。說這話的人，就仿如詞窮一樣，想不出別的游說方法才出此言。

若果對方回你一句：「是的，那又怎樣？」的話，那你如何回應對方呢？這只是自討沒趣，更甚者，有人會因此而發脾氣或惱怒對方，但這個是你自己自找的，那怪得了誰？要怪就要怪你自己了。

什麼說話會悄悄趕走朋友？

「好運的一定沒有我的份兒了，反倒壞的東西我就一定在名單之中！」

「你當然可以做得成了，那像我，什麼都不行呢？」

「我早就知道一定會發生問題了。現在真的發生了！」

你有說過這樣的話嗎？每個人都會有一定的負面情緒，這些想法其實是無可避免的。但如果你不停的埋怨這埋怨那，試問又有誰能有耐心聽你把話說完呢？

在語言學之中，有些說話態度是我們一定要加以避免的，因為這些說話態度會令對方覺得不耐煩，而且也會覺得你不是一個好的交談對象；這樣，無論你說話的內容是多麼精采，都會被這些說話態度所蓋過，變得黯然失色。

1 忌說話負面

人當然有權發表自己的意見，但如果每事都抱持著悲觀的態度來看待的話，你的朋友就會疏遠你。

我有一些朋友，對每事都會說：「我都知道好事一定沒有我的份兒，所以這次發生了意外也是我的預計之中。」

開始時我還好言相勸，但到了一定的時間後，我發覺他們無論發生什麼事情，都總是向負面的一方想，而忽略了正面的事情。久而久之，我也沒有勸他們了，反而疏遠他們；因為我怕被他們的負面情緒影響到我。

2 忌喋喋不休

有些人說話說得入了神，時間過了，又或者是聽眾根本對他所講的沒有興趣都不知道。我們在說話的時候，要不時留意四周的狀況，當發覺聽眾不感興趣時，要馬上將話題轉移。

我試過有一次參加一個朋友公司的春茗，在晚會開始時，公司的大股東開始發表講話，詳述公司新一年的目標，同事之間的成就等等。他愈説愈起勁，大家由開始時禮貌地點頭用心傾聽，到後來木無表情，眼神散渙。最要命的是，食物來了，大家都不敢起筷，只有你眼望我眼，不知如何是好。

這次演説用了一個小時，大家開始進食的時候食物已經來了一大半。我索性不起筷，大股東走過來問我：「為什麼你不吃呢？飽了嗎？」

我懶洋洋答道：「不是的，其實我很肚餓，但我這個胃有點奇怪，一點冷凍的東西也吃不下去，真不爭氣！」大股東聽出弦外之音，尷尬地走開了。

我沒有直接説他的演講過長，但他自己也知道是什麼事了。當一個人在發表滔滔偉論時，很多時會忘記了時間，為什麼會這樣呢？因為演講者很多時是沒有準備要説什麼的，又或是沒有預先説一次所有內容需要多少時間，上到台上，東拉西扯的説些不著邊際的話，就這樣，對演講者來説，好像時間不夠；又好像有太多東西要説一樣。

3 忌枯燥乏味

說話內容最忌枯燥乏味，內容空洞；最怕是那些陳腔濫調，最常見於家長對子女的說話之中：「想當年，你母親我不知多厲害，同一時期有五個男生追求呢！」

「媽媽，你這句說話我聽過九千幾次了！」

此外，「要早點睡」、「做好功課才好看電視」、「先吃飽飯才玩」也是父母常說的話，為人父母者要多加留意，應予避免說這些話，因為說了這些話並不能即時改變子女的習慣，子女只會覺得你嘮叨，所以這些話不說也罷。

對朋友及同事，最忌說話重複又重複，所以我們要不時多看報紙，多行商場，多上互聯網，才能確保話題「新鮮」。

4 忌空泛說教

「說教」並不一定是指父母對子女的說話方式。有時候，我們身邊有些朋友也是以說教的形式表達自己。他們總以為自己說的話是對的。

有些人會持著自己的年齡，經驗都多於自己，就擺出一副家長的模樣。如果真的有事情要訓示對方時，宜用一些生動，活潑的例子間接說明，避免用家長的口吻來和對方說話。

5 忌自我吹噓

有些人總愛吹噓自己，其實這是最討厭的。做人應該要禮貌、謙卑，自我吹噓的人，總會令人不耐煩。

喜歡自吹自擂的人，最終都會給人膚淺的印象，損失的始終都是自己。

6 忌言而不實

有些人順口開河，什麼都答應人家，但過後就不了了之。

言而不實的人說話很少算數，日子久了，別人就會對他的說話失去信心。

7 忌言語尖酸刻薄

有些人天生就口齒伶俐，說話很有攻擊性，什麼東西經他們口中說出都是尖酸刻薄的。這些人最為別人所害怕，而且他們也很少交到知心的朋友。

做人應該平等相處，咄咄逼人的話語最好少說。不然的話，任你口才多好，你的人際關係一定好不到那裡去。

Big No：「你怎麼還不結婚？」

「約翰，給一張相片你看看，這個是我的新女朋友，漂亮嗎？你覺得怎麼樣？」彼得興奮地拿著相片給他的好同事約翰分享。

約翰接過之後道：「不錯啊！很有氣質，看她的樣子賢良淑德，我也為你高興，剛開始談戀愛，你現在應該很開心吧。」

「是呀，她真的很好，我父母都很喜歡她呢……」彼得道。

此時，坐在隔鄰的同事哥頓聽見他們的對話，好奇的他又來湊個熱鬧，一手就拿起相片道：「為什麼你會選這個女朋友啊？你看她，單眼皮、嘴巴又大，還有點肥胖，簡直毫無氣質可言。」聽到這樣的對話，聰明的讀者們也會知道這個故事的結果吧。

如果你是彼得的話，以後你會將自己的事說給哥頓知道嗎？如果有人說哥頓的是非，你會站在他那邊幫助他嗎？

有些人天性率直，他們看見有什麼事不符合他們的心意時，就會直斥其非，不會顧及身邊的人的感受；就像故事中哥頓這一類人，他們不期然就會成為是非中的主角。

在我日常的生活當中，也有很多這一類的朋友，他們總覺得不開心，因為在公司中、在自己的社交圈子中，他們往往因為成為了是非的主角；他們不明白自己的快人快語就是他們的致命傷。他們會覺得，我也只是說事實罷了，為什麼其他人不能接受現實呢？當你也有這種想法的時候，這就證明你也有成為是非中的主角的可能。

要記著，人始終都是愛聽好話的，就像故事中的約翰，縱使他也覺得彼得的新女友並不漂亮，但他並沒有直接的說出來，只說她很有氣質，會是一個賢良淑德的女友。這樣，他巧妙地運用了一些正面的形容詞，使得聽到的人心裡舒服，而約翰自己也不用說大話來欺騙自己的真實感覺，因為他同樣是覺得相中人並不漂亮。所以說話前要想清楚，如能好好地運用一些正面的言詞，你將會成為一個受歡迎的人。

筆者再和大家分享另一則故事：

小明今天晚上參加了一個舊同學的聚會，其中小芬最為健談。

「看你，都長得這麼老了！多年不見，還差點認不出你呢！」小芬道。

「你也老了不少呀！的確是多年不見了！」小明也有同感。

「最近做些什麼工作呀？」小芬問道。

「我現在是做設計的，不過也很吃力呀，又要養妻活兒，又要供樓，開支也很大呢。」小明道。

「噢，那麼你的擔子也可真不小呢？你每月人工多少才可以負擔得來呢？」小芬好奇地問道。

小明默然，面對這樣的問題，真不知道怎樣回答才好。

全場也鴉雀無聲。還是小強打圓場：「那當然要人工很高才可以撐

得下去了。來來來，我們飲杯！」

有時候，我們要就不同的場合設定話題，也應設定一些不應該問的問題加以避免。

以上的例子，是一位客人告訴我的，他正是小強。他對我說：「當時氣氛真的很僵，每個人都低頭不語，大家都不知道說什麼才好；怎會有人一見面就問人多少人工呢？又不關自己事，真不明白問來做什麼！」

我也很少見過有人問這些問題。不過想深一層，也不是全無可能；有些時候可能未經大腦思索就已經衝口而出，到問出來才發覺說錯話就已經太遲了。

不同的場合要設定不同話題

我們在不同的場合之中，就要設定不同的話題或問題。像這些「人工多少錢」的私人問題，問自己的好朋友還可以，但如果在一些同學的聚會上，這些問題當然是要加以避免的。

問了些不正確的問題，對方可能會覺得難以回答而呆立當場。這樣就會將良好的交談氣氛弄僵了，而你往後也不知道要說什麼話才好。

例如在初次見面的客人當中，你可能想讚美對方的衣服漂亮，但你總不能說：「噢！你這件衣服太漂亮了，你能告訴我多少錢嗎？」

我有一次和朋友聚會，席間提到一些親子心得。有一位母親正在說得起勁之時，其中有一位朋友突然道：「聽你說得那麼辛苦，也應該叫丈夫分擔一下照顧子女的責任呀！」大家頓時鴉雀無聲。原來這個朋友已經和丈夫離了婚，但這位朋友因為數年沒有見面，所以並不知情而已。由此可見，在說每一句話之前，都應該先想一想，切忌不加思索就說出來。

要做到避免說不該說的話，搜集情報是很重要的。如果你在交談的時候不知道對方的背景，發生過的事情等等，你就很容易墮進「交談地雷」之中，問了一些不該問的問題而令氣氛變僵。

還有一點我們需要注意的是，「崩口人忌崩口碗」，對於一些不是怎麼光采的事情，最好少問。例如你看到一個走路一拐一拐的人，你總不會問他：「你的瘸腿是天生的，還是後天傷殘？」

以此引伸下去，我們也要留意談話不要太過涉及私人或家庭問題，例如：「你多少歲了？」「你還是單身嗎？」「為什麼你不生小孩？」

長輩對晚輩要避免的話題

另外一種最常見的，就是長輩看到晚輩的時候，話題通常都是離不開：「你為什麼還不結婚？」「何時會生小孩？」這些沒有意思的話；晚輩自有他們的打算，用不著長輩來催促。這些話題都應該盡量避免。

在和別人初次見面的時候，最好談及一些不著邊際的話題，又或者利用環境製造話題，例如天氣，當時發生的大事等等，都可以派上用場；那些宗教，政治或敏感的話題就要盡量避免。

圍繞環境所製造的話題則有：「你來了這裡多久了？」、「今天的氣氛還不錯呢！」、「你是乘地鐵來嗎？是否很擠塞？」等比較容易發揮及輕鬆的話題，待摸熟對方的性格之後才慢慢轉換別的話題。

我建議在聚會前，可以看一看當天的報紙（如果你沒有閱報習慣的話）以豐富自己的話題，適當時候就可以拿出來討論一下。即使對方不知道當天的新聞也好，你也可以告訴他以打開大家的隔膜。

誘技巧：將戰友化成密友

一天廿四小時，扣掉睡眠，幾乎一半的人生給了工作。人說，家是講情的地方，給我們愛與關懷；職場，每天上演各種利益角力戰，你既不能輸，輸了沒前途；卻又不能贏，贏了沒和諧友誼。人際關係專家卡內基提醒，「工作中最痛苦的，莫過於想討好每一個人。」先有這層認知，然後才能自然地與同事相處。

1 肯定同事的工作價值是同事相處之道

儘量看到同事工作的價值，才能減少工作上的紛爭。艾森豪將軍曾有個參謀，經常與他意見不合，令二人時常弄至不愉快。

一天，該參謀決定請辭。艾森豪問他：「為什麼要走？」參謀老實回答：「我和你常意見衝突，你大概不喜歡我，不如我另謀出路算了。」

艾森豪很驚訝說：「你怎麼有這種想法？如果我有個意見一致的參謀，那我們兩人當中，不就有一個人是多出來的？」最後，艾森豪把參謀給勸留下來。包容不同立場，多肯定同事對公司的不同貢獻，是建立職場良好關係的起點。

2 溝通需要經營

a 在工作中談心

許多溝通專家同意，職場除了講理，也要談心。人際專家黑幼龍建議，與同事平時要多談心。一開始可能有點難，不妨從問題開始：

1 你過去這一年來最有成就感的事？

2 你覺得最近工作最愉快或挫折的事？

3 你未來的計劃？

有點害羞的陳小姐鼓起勇氣問鄰座同事，你這一年最有成就感的事是什麼，很少閒談的同事回答：「上次幫你完成跨部門協商，圓滿結案，我很有成就感，因為我覺得我們的理念有點相近。」陳小姐很驚訝，沒想到隔壁坐著一位志同道合的同事，從此兩人無話不談。

「幫助對方清楚未來方向、心情分享，就是最好的談心。」同事之間若能從單純工作項目的溝通，提升到情緒，甚至價值觀的溝通，自然產生親密的職場關係。

b 打考績是最好的談心時機

台灣雅虎總經理李建復，經常與部屬進行價值觀的溝通。他認為打考績是最好的談心時機。他通常藉著打考績，發掘部屬工作背後的問題，也許是家庭或感情問題困擾，影響工作表現。他以朋友之姿對待。在深談中進入個別內在的溝通，傾聽他們對未來的想法，然後站在他們的立場考量，而不是從公司利益出發給建議。「我用『情』牽住同仁，而不是『利』。」接任台灣雅虎沒多久，與李建復共同打拼的工作夥伴，絕大多數是前公司跟著跳槽過來的。

C 回歸人性

「辦公室應該是有條件講情的地方，」其實，有些事要「隻眼開、隻眼閉」。例如員工要「溜」回家兩小時，處理家務問題，就讓他去吧，換成自己，也會心煩，反而做不好事。多一點同理心，自然建立好關係。

例如在「台灣九二一地震」當天，台灣富邦集團董事長蔡明忠就親自打電話，一一問候災區每個主管。他劈頭只問：「你有沒有怎樣？」、「你家有沒有怎樣？」、「你家人都好嗎？」一位男主管哽咽說：「『老大』（暱稱老闆）打來都沒有問公司有沒有怎樣，只惦記我們，叮嚀主管們要去看其他員工，給予必要的協助。」接到電話的員工無不紅著眼，肯定老闆細微的體貼。體貼關懷，人性化領導，將富邦數千名員工的心，緊緊繫牢。

d 說服不如影響

除了用心待人，更要以實際行動影響別人，這比唇槍舌戰有效。台灣卡內基副總經理黑立言，幾年前因應科技時代需要，花一大筆錢更換公司電腦，但這個採購案並沒有得到老闆——父親黑幼龍的批准。父親找他溝通，提醒他目前的職責不足以做這樣的採購。黑立言當時有點氣，心想他真古板，不是該提升設備迎接資訊化，工作才有效率嗎？

仔細再想，父親有道理。如果以當時的職位在外面工作，的確沒權力進行大手筆的採購，於是他虛心接受指正，遵守公司政策。黑幼龍見兒子願意改進，當然也樂於傾聽他的想法。這時黑立言不多說，直接教他如何使用電腦、e-mail等等，「讓他自己感受科技帶來的便利與必要，」時間久了，他也覺得這項採購是有價值的。與其推銷一堆網路科技的優點，不如直接採取行動，比言語說服省事。

e 說得巧，可化解衝突化解衝突

說話技巧是一招。有家電子公司急需工程師二百人，結果人事部門只找來一百二十人。年終打考績時，人事經理績效被打「差」。人事經理秘查，原來是工程部主管打小報告，說他覓才不力。人事經理喊冤，怒斥工程部主管領導無能，留不住人。從此部門嫌隙擴大，直到公司請專家上課，訓練員工說話技巧，情況才好轉。工程部主管改口：我知道現在人才難找，人事部費盡心力找來一百二十人，值得肯定；只是如果能多找八十位工程師，對公司整體獲利以及業績成長，將會很有幫助。聽了這番話，人事部門當然願意加把勁找人，衝突自然消弭無形。

「要求別人前，先肯定對方。」人際關係專家卡內基強調。

Chapter 02

話口未完：讓新朋友主動親近你

首次見面就能輕鬆破冰

「聽說你經常去旅行，真羨慕你呢！可以四處觀光，增廣見聞！」在一個二十人的公司會議室當中，A小姐大聲對B先生說。

「才不是呢，」B先生答。「即使我去旅行，也要幫太太及兒子付旅遊費用，男人的擔子可真重呀！不像你，可以有丈夫替你付錢啊！今日的女孩子工作可真幸福，只是『賺錢買花戴』而已；你好像在兩個月前也和兒子去旅行啦！你想想看，那次旅行是否由丈夫替你及兒子付錢？」

A小姐默然，全場也默然。

B先生似乎完全感覺不到不對勁。他繼續道：「怎麼樣？說不出來了嗎？就如我所說那樣，你也是由丈夫付錢和你去旅行的，你說是否很幸福呢？」

這時C小姐才說一些其他的話來分散話題。

事實是，這位A小姐在很多年之前已經和丈夫離婚，而且她的兒子是由自己一手養大的。

「知己知彼，百戰百勝；不知彼而知己，一勝一負；不知彼不知己，每戰必敗。」——《孫子兵法》

說話就如戰爭一樣，實則虛之，虛則實之；唯有知道對方心中所想，才能收放自如。

在篇首的對話當中，很明顯B先生不清楚A小姐的背景，所以才說出一些令對方感到尷尬的說話。如果他一早知道A小姐已經離婚多年的話，他就一定不會犯上剛才的錯誤。

在說話當中要加添親和力

說話的藝術，和我們的生活及運氣息息相關。我們每天都在說話，無論在工作上需

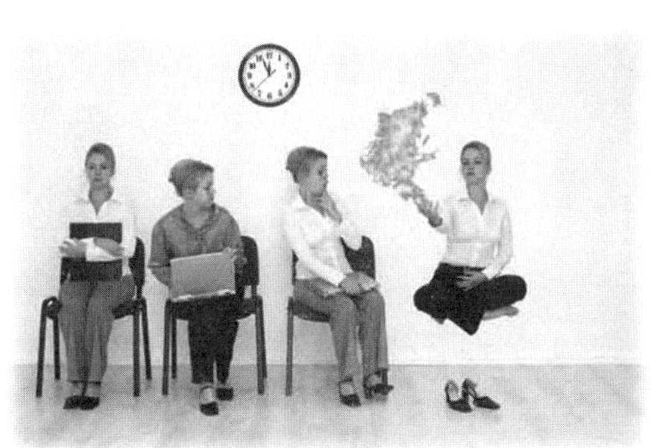

要出外見客，又或者自己對朋友、家人，都是不停地在和他們說話。因此，我們可以毫無疑問地說：如果說話能夠感動人心，對方一定會對你的印象大大加分。

其中一個感動人心的方法，就是在說話當中讓對方知道你心目中有他的存在，這點是很重要的。天下間最差的表達方式，就是在說話當中完全是站在自己的立場來說，完全漠視對方的存在，這些說話最沒有親切感，也令對方沒有投入感。

當我們預備和對方說話的時候，不妨打聽一下和對方有關的事情，這點會對你的談話內容很有幫助。

因為業務關係，我需要做一些系統維護的工作。有一次我為此找了一間電腦公司，約見他們的客戶代表，目的是想在這一方面拿取更多的資料。

那位客戶代表一上來，我便和他談起來。可是，愈談愈覺得不對勁，因為這位客戶代表完全沒有搜集資料，對我公司的業務性質及要求一無所知，到最後我當然沒有光顧這間公司。

這點其實對銷售人員尤其重要。有很多銷售人員都需要面對大量客人，而且有很多客人都是第一次見面，他們其實對客人一無所知。其實在第一次見面的時候，總要有些「破冰」（Break Ice）的話題。

可是大部分人就是不明白，和客戶在第一次見面的時候，通常對陌生人都會採取不信任的態度，任你的產品如何出色，客人都不會完全盡信；除非你能夠和客戶建立了一個信任的關係，客戶才會開始光顧你。

初次見面更要多搜集資料

破冰實在是不容易，可是如果我們在會面前稍加留意的話，其實也不是那麼困難的。

對於一些從未見過面的客人，我們當然對要會面的人一無所知。可是，我們也可以先上他們公司的網頁，從而對他們的公司背景有一個了

解。現在互聯網這麼發達，要找一間公司的網頁相信也不是一件很困難的事情。

試想想，如果你在第一次見面的時候，能夠說出對方公司的背景，甚至說出一些他們簡單的公司內部架構，那位客人對你的印象一定能夠大大改觀。

新聞記者也是如此。在採訪的時候，他們大多數都會對需要採訪的人物作一個初步的了解，並不是一無所知就跑去做採訪的；知名人士大多都討厭浪費時間，他們都會對一些完全沒有做過準備工夫的新聞記者很反感。

如果能夠結合記憶術的技巧的話，你就可以將對方的背景背得滾瓜爛熟。這樣，你就可以在對話之中夾雜一些關懷的說話，例如：「你的兒子好像已經六歲了，

他聽話嗎？」又或者「你搬進去沙田居住已有一年了，習慣嗎？」等關心的語句，對方一定會很感激你還能記得這些對他來說很重要的事情，對你的印象自然大大增加。

和客戶初次見面，又或者遇到一些久未見面的朋友或舊同事，都需要用到「破冰」這個技巧，圍繞著對方自己的事情去問「破冰問題」，便是你的殺著！

面對一屋陌生人，怎樣打開話匣子？

一名中年男人被一班朋友帶到的士高。

「你看那個男人？他一動也不動的，早知就不要帶他來玩呢！」當中有朋友不滿道。

「就是呀！來到這裡連舞池也不進去一下，多無聊。」另一個朋友附和說。

「對不起，我也不知道他不跳舞的。」帶這個中年男人來的友人連連致歉。

當離開的士高後，大伙兒到附近的一間酒樓吃東西。

這個中年男人一坐下，就開始講述他環遊世界的經歷。原來他是一個旅遊家，他所說的經歷，別的人從來沒有聽過；就這樣，他說了三個小時，即使到了天光酒樓打烊，大家仍好像不捨得離開，人人都對他改觀，因為他的表現和在的士高的時候，簡直是判若兩人。

人總有自己最感興趣的東西，說話也是一樣，說對了話題，自然會口若懸河，滔滔不絕。

每個人都會有自己的興趣，而自己也一定對自己的興趣有著深厚的認識。我們多會集中精神及起勁地說自己知道的東西，卻對自己一無所知的事情提不起勁。

要培養兩至三樣興趣

所以，培養兩至三種獨特及有趣的嗜好，會令你在友儕之間受到歡迎。不過，我們要留意的是，未必所有的人都會對自己的興趣有共鳴，所以興趣最好是另類一點，而且大家都會感興趣的，比較獨特的，一定會為你爭取到不少的朋友。

那些球類、閱讀、游泳等興趣，比較不容易製造話題；除非對方也是好此類者，否則很難會不斷的說下去。

我從小就知道這個道理。因此，我在人生之中找了三種比較另類的興趣，每種興趣也各有特點，那就是玄學、記憶術及魔術。

在多人的聚會之中，如果與會者知道我是從事玄學的工作的話，他們大多數都會有很多關於玄學上的問題，而我也樂意為他們一一解答。無論是風水、紫微斗數、面相、手相等等，他們都會有很多問題；而這些問題也好像永遠問不完似的。

這便是怎樣利用自己的興趣或專長去製造話題。

要培養「有趣的興趣」

不過在培養興趣之前，我們要留意一點，就是如果你的興趣或專長不為太多數人所認識的話，就有可能作用不大；例如你遇到一位數學教授，即使他滔滔不絕地為你講解微積分，你也不會感興趣的。

當觸及自己的專長，話就多了，而且人也變得有信心起來。每個人都對自己熟識的東西充滿信心，因為他一定是在那方面下過苦功。

利用他人興趣製造話題

除了談及自己的興趣之外，你也可以同時發掘他人的興趣來製造話題。同樣地，大家的溝通自然會多，彼此間的距離也會拉近。

我試過和一個初次認識的朋友傾談，發覺他對玄學興趣不大，於是我反問他有什麼興趣，原來他的興趣是飲紅酒。

於是，我利用「紅酒」打開話題，發覺他就像變了另一個人似的，他對紅酒的認識，已經達到了專家的境界，而我也上了寶貴的一課；直至現在，如果我對紅酒有什麼問題的話，我都會請教他，彼此也成為了很要好的朋友。

另外，我在一次卡拉OK的聚會之中，面對十七個初次見面的朋友。除了數句客套話之外，大家似乎和我都沒有什麼共同的話題而各自唱歌。

於是我就開始和他們玩起魔術。他們都覺得很詫異，氣氛也和先前完全不同。後來他們知道我是從事玄學工作的，又逐一問及他們的一生

運程，於是我就逐一和他們算命。

在接下來的四個小時之中，我不停的為他們論命，而那間卡啦 OK 房間也變成了一個臨時的會客室。我到最後說得氣若游絲，那天晚上也是我一生從未遇過的。

我那天晚上所得到的，是十七個對我很要好的朋友，他們有的後來變成了我的客人，有的甚至會介紹其他朋友來找我看風水。

所以，要打開話題，其中一個方法就是發掘大家的興趣；繼而看你是否怎樣再說下去而已。

叫對名字是最好的恭維

「一個人的名字，就是一個人的自尊。沒有人喜歡被別人叫錯他們的名字，而叫對了名字，就是世界上最好的恭維說話。」準確無誤的稱呼別人名字，會令你的說話添上光彩，使人對你也親切起來。

我們每天都要接觸不同的人，尤其是在大公司工作，每個部門都有數十名員工。人的關係似乎愈來愈冷漠；有時候，我們連鄰居的名字也不知道，形成人與人之間的溝通出現了極大的問題。如果我們能夠用心一點，記住身邊每一個人的名字，你的說話技巧馬上就會得到提升。

記住別人名字令人覺得親切

別少看「好久不見了，你好嗎？」及「張先生，好久不見了，你好

嗎？」的分別，雖然只是加了一個名字，但你給對方的感覺是截然不同的。稱呼一個人的名字，代表你的心目中有他的存在，你所說的話也自然親切得多；這也會使他覺得你很尊重他。

拿破倫三世也用的記憶法

法國皇帝拿破倫三世，就是靠記住別人的名字聞名，也因為他有這種得天獨厚的技巧而令到軍隊臣服於他。他能夠隨意說出任何一位戰士的名字，而讓人讚嘆不已。

問這位國王用的是什麼方法。他說：「很簡單，我每一次和新朋友見面都會問清楚對方的名字，如果第一次還沒有聽得進去，我會叫他再重複一次；如果是一些比較難明的名字，我會問他的名字是怎樣寫的，在交談的過程當中，我會將他的名字重複數次，以確保我能清楚記住他的名字；在晚上，我會將當天見過的新朋友的名字用紙筆寫下來再複習數遍，然後將紙扔掉，這樣我就能記住了。」的確是一個好方法。現代人再加以整理，成為了記憶術之其中一個重要技巧——人名記憶法。

已故的美國總統羅斯福，也是因為他能夠牢記每個人的名字而深入民心。即使是一個幫他修理汽車的技工也好，他也是只聽一次便可以牢記對方的名字。他在和技工的對話當中，不停的重複對方的名字，令到這位技工有著被重視的感覺；同一番感謝的說話，但加上對方的名字效果就不一樣了。

我們即使簡簡單單的到茶樓用膳也好，如果我們能夠說出侍應的名字的話，大多數都會得到較好的招呼；因為他們都會因為你記得他們而顯得格外照顧及細心，而且也會給他們覺得你是熟客或朋友的感覺。

我在舉行講座的時候，我都會要求學員將他們的名字寫在名牌上，放在我可以看得到的地方，然後我會利用開頭半個小時默默記下每一個人的名字；當有小息的時候，我都會主動到他們的身前，逐一向他們問好。他們都會訝異我為什麼會記得他們的名字，而且出來的效果也很好——因為他們是被重視的一群。

以了。

要記住一個人的名字其實並不困難。我們只需要注意以下數點就可

1 即時聽清楚

第一次見面時，要聽清楚對方的名字，如果聽不清楚，就要叫對方重複一次；因為如果你第一次都聽不清楚對方的名字，你又怎麼能夠記住呢？

2 交談過程中重複對方的名字

在交談過程當中，要不時的重複對方的名字以加深印象；在這個時候，可以看看對方面部的長相及其特徵，暗暗加以記住。

3 再見時將對方名字再說一遍

在道別時，不要只說「再見」而應和對方的名字一同說出來，例如「Mary再見」以作最後的複習。

4 晚上有時間再複習

在晚上有時間的時候，應將當天見過的新朋友的名字再唸一遍，必要時用紙筆抄下，以加深記憶。

此外，在記憶術的技巧當中，我們還會用到「諧音法」及「部位法」等技巧來記住對方的名字，如有興趣，可以參考拙作《極速致富　記憶創造成就》一書。

這個簡單的轉變，就可以為你的說話帶來魅力。不信的話，明天開始就你試試吧，你會發現這個效果非常驚人的！

從生活中發掘話題，人人都可健談

在日常生活之中，我們要盡量留意身邊一切可以為我們帶來話題的東西，例如最新的新聞、最近流行的產品等，因為在適當的時候，這些東西就會大派用場。

有很多客人及朋友問我，怎樣才能令到自己的話題變得豐富及有趣。這的確是一個很好的問題。

要令自己和對方說話時有豐富的話題，這並不是一朝一夕的事情。只有持之以恆，才可以令你的話題豐富及有趣。

那麼，如何才能豐富自己的話題呢？

現時大部分人所遇到的問題是工作時間太長，他們大都是長時間埋首工作，沒有多餘的時間去吸收新的知識或資訊。試想想：如果你不斷埋首於工作而忽略了其他東西的話，你的話題便只會圍繞於工作。

雖然以上的好處是會令你對自己的工作越加熟悉，但別人呢？相信除非你是玄學家，否則你的工作別人是不會感到興趣的。玄學家則不同，因為他們在説十二生肖運程，怎樣利用風水佈局去提升運勢的時候，大部分人都會對自己怎樣增強運氣感到興趣的——這些都是我的體驗。每當和朋友碰面時，大部分時間都是由我來説玄學的知識，例如風水、紫微斗數等等，而他們也會聽得津津有味，以下是一些幫忙你增加話題的方法：

1 多看報紙雜誌

想豐富話題，我們便要從日常生活當中開始留意。即使工作忙碌也不要緊，我們也可以利用上下班的乘車時間去豐富自己的知識；最簡單的莫如看報紙及看雜誌。

看報紙能知天下事，這點大家都毫無異議。而看雜誌，就能令你知道最近圍繞著身邊的熱門話題，發覺有些東西有趣的，就要把它們記下來。這樣就可以作為朋友或同事之間茶餘飯後的話題了。現在很多地方都有一些免費報紙、雜誌派發，路過時不妨拿份看看，消閒之餘，也能增加見聞。

2 多上互聯網

如果在家有空的話，也不妨多上互聯網。現時上網非常方便，而互聯網也有著無窮的資訊供我們參閱；看到有些特別或有趣的東西，也可以馬上傳電郵給朋友，這不僅是增加知識的機會，也是和各好友保持聯絡的一個好方法。

3 多出外走走

平日有空應多出外走走，看看外面的世界是怎麼樣的。有很多人都會在假日閒賦在家，只看電影或電視節目消磨時間。如果能夠花些時間出外走走的話，肯定對你大有裨益；見識廣博的人，絕不會長時間留在家裡看電視劇集或電影的。

4 改變生活習慣

再來就是想辦法改變生活習慣了，例如上下班的路程，雖然每天所用的交通公具都是一樣。即使路線是一樣也好，我們也可以選擇不同的交通工具，有可能你會看到一個巴士上的新廣告而知道現在潮流時興的東西，這樣你便可以有話題了。

對於一些不常去的地方，如果你有機會去到的話，不妨花多一點時間在附近的商場走一走。因利成便到那個地方附近的地點逛一逛，你也有可能知道一些你從來沒有機會接觸的東西。

吃東西也可以不時選擇不同的餐廳進餐。因為吃是大家需要的生理基本需求，沒有人對吃不感興趣，除非是患了厭食症吧！如果你去過很多地方吃過東西，而別人又沒有去過的話，他們也會對你的說話感興趣。

假日可以選擇一些你從來沒有做過的節目，例如行山、打哥爾夫球等，這些都是可以為你豐富談話的內容。如果你多做一些你平日沒有做過的事情的話，就一定能夠從中知道一些新的東西。

在工作或逛街途中，如果看到一些東西有很多人圍觀的話，不妨走過去看一看；這樣你有可能知道一些別人不知道的東西或事情；例如新商品介紹等等。

對於一些近期熱門的地方或食肆，有空一定要去看一看；這樣你就會比別人拿到更多的體驗，在適當的時候這些資訊就可以派上用場了。例如迪士尼剛開幕的時候，如果你在一開始就去觀光的話，大部分人會對你所說的體驗感到興趣，因為大部分人都還未去過。

另一個很好的例子，就是MOS日本漢堡包店在香港大型商場APM剛開幕的時候，我那個時候剛好在觀塘工作，午飯時想起就順道去看一下，看看一個價值二十二元的漢堡包有何吸引。我為此而等候了四十五分鐘，為的就是一個體驗。又例如在之前日本著名連鎖店無印良品在沙田開幕時，我也是第一天就去到；世界著名咖啡店ILLY在尖沙咀開幕的時候，我也有去過。為的，就是幫自己製造更多使人感興趣的話題。

其實有趣的話題取之不盡，就只是你有沒有用心去蒐集資料而已。有時候，我們並不需要長途跋涉去做一些體驗，只需要因利成便，平日多加留意就可以了。好像我去過的地方，大都是在出外為別人看風水時順道抽些時間去看一看而已。

代入對方思維，隔閡立刻打破

「小王，有什麼事情不開心呢？」別的部門經理小張看到小王在茶水間悶悶不樂，關懷地問道。

「我剛剛給老闆罵了一頓，說我經常遲到。」小王道。

「老闆也真是太過份了，每個人都有機會遲到呀！只要自己留意點就是了。」小張同情地道。

「就是了，我也是偶然才遲到一次，用不著這麼凶呀！」小王很高興有人站在自己的一邊。

由以上的例子可以看到：只要站在對方的立場說話，就不愁打不開話題。

有很多客人問我，如何才能將說話講得更加動聽，我會說：「用對方的立場來說話。」

「說話」是一門藝術，當中的理論千變萬化，古今中外都有很多書籍教人怎樣提升自己的語言表達技巧及能力。而其中一樣最重要的，就是「站在別人的立場說話」。

有時候，對話的雙方立場會不一樣，這是無可厚非的。在這種情況下，即使立場不一樣都好，如果你能夠站在對方的立場去想一想，事情可能會有扭轉的局面。

不用急著反駁對方

大家的立場一致也是很重要的。雖然可能你並不同意對方的某些說話，但也用不著要急於告訴對方，你可以先說說你怎樣同意對方的立場，然後再說自己的意見也不遲。

相反，如果你只是一味訴說著自己的感受的話，對方未必能夠即時認同，也覺得你沒有顧及他的感受，於是你說話的認受性便自然會大減。

除此之外，如果你能夠設身處地想一下，你可能發覺對方的說話也不無道理，例如當勞資雙方談判時，大部分情況都一定是對立的，因為大家的立場不同，所持有的論點也自然會不同；又或者老闆和員工開會時，也會有立場不同的情況。如果老闆一味堅持己見，到最後員工可能會不發一言，這並不代表那員工同意，只是沒有興趣再談論下去而已；這樣的會議是枯燥無味的，對雙方也沒有實際的得益。

當我們要推銷一件產品時，如果我們一味硬銷，而不顧及客戶的感受，到最後客戶都會離我們而去；因為我們沒有站在客戶的立場上來看事情。

售貨員大都對自己的產品十分熟悉，所以就不停的講解有關產品的功能，以為這樣就能留住客戶的心，其實這種想法是錯誤的。客人並無興趣知道你的產品有什麼功能，因為「功能」在客戶的心目中只是一堆數據。相反，他們真正關心的，是你那件產品怎樣幫助他們解決問題。

蘋果電腦總裁的啟示

蘋果電腦總裁 Steve Jobs 深明此理，他能夠充份利用這個優勢去推銷自己公司的產品。

在一次由 Steve Jobs 負責主講、介紹影音產品 iPod 的發佈會中，他除了介紹產品的容量之外，更介紹了這件產品可以裝下多少首樂曲，這正是顧客感興趣的事情，因為客人並不會對什麼 20G、40G、60G 容量產生興趣，也不會立即聯想得到怎樣幫助到他們，但 Steve Jobs 巧妙地用了一句「能下載 3,000 首歌曲」，使聽眾馬上明白 iPod 的好處，這便絕對是一個成功的例子。

令對方覺得你是站在同一陣線

在日常生活及工作當中，如果能夠巧妙地利用說話，令對方知道你是站在對方的立場，這樣的一句說話，可能更勝過千言萬語。

我們看看以下一段對話：

客人：「真不知道你們公司想什麼！現時網上付款那樣流行，差不多每間電訊公司也可以作網上付款，唯獨是你們公司不可以，這實在太不方便了！」

售貨員：「是的，我們不可以作網上付款，這是公司的政策，我也沒有辦法。」

這個售貨員的回應簡直是糟糕透頂，不幸的是，大部分的售貨員都會用這種說話方式去應對，難怪沒有客人光顧了。

自己的公司沒有提供網上付款是一個事實，你不能將它改變，但你可以改變你說話的方式，而令客戶滿意。

我們看看怎樣將同一件事說得更好：

客人：「真不知道你們公司想什麼！現時網上付款那樣流行，差不多每間電訊公司也可以作網上付款，唯獨是你們公司不可以，實在是太不方便了！」

「是的，我也覺得很不方便，現時網上付款這麼流行，大勢所趨也應該增設網上付款的。其實公司也了解這個情況，在不久的將來也會設立網上付款這個服務。此外，網上付款雖然是光顧電訊服務的其中一個考慮因素，其他如音質、價錢，以及服務態度也是很重要的。」

這段對話好很多了。第一，售貨員馬上認同了顧客的意見，同意網上付款的重要性；第二，售貨員馬上提供了額外的資料，向顧客解釋公司也很重視這個問題；第三，售貨員馬上將顧客的注意力轉移至其他東西，例如服務、價錢、通話質素等等，令顧客的腦袋可以轉移至其他問題，而不再只集中於「網上付款」這個問題上。

多留意一點，站在別人的立場去想一想才說出你心中想說的話，你會發覺你的說話會截然不同。

捉摸對方需要，一擊即中的說話

一天，陳先生收到這樣的一個來電：

「陳生你好！我是真誠顧問公司Benny。今天我要為你介紹我們公司的保險計劃，保證你一生受用呢！阻你幾分鐘時間，讓我將這個全球最好的保險計劃介紹給你，我想你聽後一定不會後悔。」

「我不知道你說什麼？你『一輪嘴』的說話，我實在聽不清楚你說什麼。」陳生莫名奇妙地說。

「不知道不要緊，最重要是能夠幫到你。我們是一間大規模的公司，全球有五十三間分行，香港有四百名員工，資產總值全球第四。陳生請問你做邊行？」大概是怕遭對方「Cut線」，於是推銷員鼓起最後一口氣，三秒內說出自己的公司是如何財雄勢大，如何有實力。

「為何要說給你聽呢？」陳生沒好氣地答道。

「那不要緊，我們公司有好多計劃，一定有一款合你心意：儲蓄保險、人壽保險、醫療保險、旅遊保險……另外也有投資基金供選擇。請問你月入多少錢？」

「你公司有多大、有什麼服務，關我什麼事呢？我真的沒有空，再見。」這段對話就此結束。

如果有銷售員是用這樣的語言技巧和你介紹產品，你覺得怎樣？這樣說話，其實和趕客是沒有多大分別。

見客的九大忌

每一個行業之中，都會有它自己的行規及宜忌。在銷售的行業之中，當然也會有它的宜忌，如果我們自己也不知道，分分鐘自己正在「趕客」也不自知。

以上的例子就是銷售員最常犯的毛病，未待顧客開口就不停的作車

輪式的推銷，務求在最短的時間將最多的東西說出來。

銷售不是說「急口令」，說話快並沒有特別意義。相反，顧客可能會覺得不耐煩，又或者聽不清楚你在說什麼，結果放棄和你對話。而說話快也會給人感覺不到你的熱誠，只是在唸台詞一樣。

現在我將「見客的九大忌」一一列舉出來和各位分享一下，就由「說話急促」這一點開始說吧。

1 說話忌急促

說話急促並沒有什麼好的效果。相反，說話急促的人都予人有「欠缺熱誠」的感覺。不信？只要你拿急口令背一背就會知道了。速度一快，語氣自然會呆板得多，很難再加上高低音或個人的情感進去；而且說話快也會令口齒不清，對方根本聽不懂你在說什麼。即使對方聽得懂，也未必會購買你的產品，如果你的說話對方未能聽清楚的話，對方肯答應購買你的產品的機會自然微乎其微了。

2 缺乏準備

在推銷每件產品時，我們都應該對該產品有著透徹的認識。因為在銷售的過程當中，我們除了要介紹該產品之外，也要有足夠的知識去應付顧客即場的提問。如果在顧客問問題的時候我們不知道怎樣回答的話，顧客就會對我們銷售的產品失去信心。

在我日常的工作當中，如果香港發生一些突發事件的時候，報章記者通常都會打電話來詢問我對事情的看法。例如某明星家中被人搶劫是否和他的名字有關？警署鬧鬼是否可以歸咎於風水問題？通常都是要求我即時回答的；如果我不是對玄學有深厚的認識的話，就不能夠即時解答到問題，這樣就會令記者失去信心了。

3 沒有決斷力

做人最忌猶疑不決。如果顧客問你什麼東西你都要考慮，又或者需要請示上級的話，試問顧客還有信心購買你的產品嗎？下一次當顧客想買東西時，他不用找你了，找你的上司不就更好嗎？

4 過分誇張

銷售員有時需要將自己產品的優點加以放大，從而令到顧客增加購買的意欲，但如果常常將產品功能過分誇張的話，顧客自然會對你失去信心。

現在的資訊這樣發達，顧客是精明的，他們其實很容易就可以透過互聯網去獲得他們所需要的產品資料；如果你以為顧客是很容易瞞騙的話，你就大錯特錯了，而且將來顧客再找你麻煩的機會也會增加了不少。

5 刻意隱瞞

和剛才提到一樣，如果你對產品的某些無法解決的問題加以隱瞞，以博取顧客購買的機會時，也是死路一條；顧客會有機會因為產品欠缺某些功能而要求退換，而為你帶來不必要的麻煩。所以，當顧客問及這些無法解決的問題時，你應當坦白承認，這樣反而會為你帶來好感。

我有一個客人，他在一些經營生意手法不誠實的水晶店買了一條價值數十元的紫水晶手鏈，。我問他是不是買了假貨，他說那間店鋪的老闆保證那條手鏈貨真價實。

可是，後來經過器材化驗之後，我發覺那根本只是一條琉璃珠，而不是水晶。後來那位客人到光顧的店鋪大興問罪之師，到最後鬧上了警署。如果一開始那位水晶店老闆不是刻意隱瞞的話，事情就不會那麼嚴重了。

6 忽略熟客

有很多銷售員都只顧做生意，在顧客光顧前說盡好話，但在交易完成之後就愛理不理，甚至有很多都會失去聯絡，其實這是非常不智的。

相信這點做老闆的就一定知道：大部分的生意都是來自熟客，即使熟客沒有機會光顧也好，他仍有機會將你的產品介紹給他的朋友，一傳十，十傳百，其影響力可以是很大的。

所以，我們要想辦法留住熟客，即使沒有生意來往，也要不時通通

電郵，致電問候一下，這才是上策。

根據「80/20」理論，有八成的固定生意都是兩成固定的顧客所帶來的。所以我定期都會出電子報，除了為大家帶來一些的玄學知識外，也讓顧客記得我的存在。這樣，當顧客有需要的時候，自然會記得找我幫手了。

除此以外，我也會很上心的記住顧客的事情，當有空的時候，我也會當他們是朋友一樣，傳送電郵關心一下，通常他們都會很訝異我為何記得他們。因為我懂得記憶術，所以我很容易就記住他們的名字、電話或發生過的事情，這樣他們會覺得是備受重視的。下次當他們有需要時，就會不其然的想起我，也會介紹他的朋友給我，客戶網絡也就此形成了，其實只要你肯用心，建立一個穩固的客顧網絡是不困難的。

7 過分精打細算

有時候，做人不需要斤斤計較，太過計較只會令你失去更多客人。當顧客有「Buying Signal」（購買訊號）的時候，可能只是多送一樣贈品，又或者將價錢略為調低一些時，你已經完成了交易。如果太過著重於數十元，又或者成本只是數元的贈品而和顧客僵持不下的話，無疑你是和客戶對著幹，這樣做只會趕走客人。

8 誠信

一個人最重要的，就是誠信。無論做人或做生意也好，誠信佔據了一個很重要的位置；應承了別人的事情，就一定要貫徹始終，切忌背信棄義。所以當顧客有任何要求時，一定要認真考慮，真的可以做得到才答應顧客，不然客人真的要求做的時候，你又辦不到，那樣客人還會找你嗎？

9 切忌不停轉變

在人生當中，轉變是一件好事，因為通常在轉變過後都會做得更好的，但如果和顧客交易之中不停轉變的話，情況就不一樣了。最常見的，就是廠家接訂單時，對顧客所有的要求都說沒有問題，但訂單接下時，就不停改變交易方式或合約內容，例如交貨期延遲，尺碼的改變，顏色的改變，品質的改變等等。這些都會令顧客不勝其煩，也失去了預算，下次他們自然會找別的廠家洽商。

說話留尾巴，談話可延續

語言，是溝通的一道橋樑，是增進彼此間了解的方法。

據我多年來的觀察所得，大部分性格內向的人，人緣運大多都不會太好。何解？我想以上這種現象的出現，最大原因是由於內向的人往往怯於表達自己的意見。由於溝通是雙向的，假如你長期表現得如啞子一樣的話，別人就會不願意和你說話，甚至認為你「冇料到」，並開始傾向冷待這些人。當這類本來信心就不大的人，受到別人的冷落，就越不敢衝破這道圍牆，結果便形成一個惡性循環。

所以，我們是有必要加強自己的說話技巧，令自己成為一個健談的人，從而改善自己的人緣運。

如何開始踏出第一步呢？

很簡單，我們只需在下一次交談的時候，利用「雙擊法」就可以了。

「雙擊法」就是在説話中留條「尾巴」，令雙方有説不完的話題。它是語言學上一種十分有用的技巧。即使你沒有高超的口才，它仍可以在短時間之內令你看起來「很健談」。

利用「雙擊法」和別人溝通，有兩個步驟：第一步是除了回答對方的問題之外，也要加多一點自己對事情的看法；第二步就是設定一個問題，在説話完結時回問對方，令到談話得以繼續。

我們先看一個不想説話的人，他是以什麼方式去説話的：

A：「你覺得這部手機好看嗎？」

B：「好看。」

A：「為什麼呢？」

B：「我很喜歡這個款式。」

A：「還有呢？」

B：「它的功能很多。」

A：「價錢方面你覺得是否合理呢？」

B：「合理。」

例子中的那種人，你問一句，他才答一句，完全不是理想的溝通模式。這種對話，就好像警察審問犯人一樣，完全不是溝通；我深信長此下去，B的朋友只會愈來愈少。

1 基本技巧：單擊法

如果利用「單擊法」的話，情況或許會好一點，我們來看看：

A：「這部手機好看嗎？」

B：「好看啊，我很喜歡這種款式呢！而且它還可以更換外殼，最適合我這類貪新鮮的人。」

A：「還有其他好處嗎？」

B：「好處還多得不得了！除了款式美觀之外，我還留意到它的功能也有很多，它可以照相、聽歌和字典功能！」

A：「那麼價錢合理嗎？」

B：「非常合理！同類型的手機一般都是在二千元左右，而這部手機只售一千五百元，我想是因為品牌的緣故吧！畢竟這個品牌在香港並不太流行，但如果不太著種品牌效應的話，這部手機其實是超值的。」

這樣的對話，看起來好得多了。因為B除了回答了A的問題外，還加上個人的意見，令A更能明白心中的想法。

但利用「單擊法」只能令到談話內容豐富，並未能取得談話的主動權，而且也好像只是一個單向的對話。

2 單擊法的變種：雙擊法

讓我們看一看怎樣利用「雙擊法」來令談話技巧更進一步：

A：「這部手機好看嗎？」

B：「好看，我很喜歡這種款式，而且它有可以更換外殼，最適合我這類常常想轉換新款手機的人了。你覺得呢？我看你也是很喜歡時尚款式的人呀！」

A：「當然喜歡，不過我對這部手機不太熟悉，所以遲遲也未能決定是否買下這部手機。」

B：「看起來這部手機的功能也是頗多的，你看它的介紹：有聽歌、照相、字典等功能，在我而言也是足夠了，也很實用；你呢？你平日有沒有機會利用手機聽歌呢？」

A：「有的，我大部分時間也是利用手機來聽歌，所以聽歌也是我最關注的功能之一。不過價錢方面你是否覺得合理呢？」

B：「我看也是合理的，它比市面上一些大牌子還要便宜數百元，可能它沒有太多的廣告吧，那你認為是否值得呢？」

以上的對話，才是有效的溝通：彼此不停地分享自己的看法，也給機會別人發表自己的意見。

將對話的線索拋給對方

有時候，當我們想不出問題來問對方，也可以用「你覺得呢？」、「你認為呢？」、「為什麼？」等問題來將發言權交給別人。

好好利用「雙擊法」這種談話技巧吧！我在日常見客的過程當中，也常常會利用「雙擊法」來令對方說出心中所想的東西。因為如果你只一味說出心中所想的話，對方可能會不知道你在說什麼，但如果在適當的時候停頓一下，讓對方有說話的空間，你就更能因應對方所說的話而改變自己說話的內容，和肯定對方明白你所說的東西。

自然流露的讚歎最得人心

「Lucie，你這套衣服穿得很好看啊！」Peter 看到 Lucie 今天穿上了一套新衣服，由衷地讚道。

「哪裡是呢！」Lucie 雖嘴裡推搪，但心裡卻十分高興。

「才不是呢！衣服的顏色非常好看，而且呎碼也十分合身呢！」Peter 續說。

「那就謝謝你的讚美了。」

讚美的說話永遠是最動聽的，但如何讚得真誠、讚得令人受落，就是一門藝術。

相信大家都會有這樣的經驗：對於一個人的說話，最深刻的就是批評自己的說話，及讚美自己的說話。

對於批評自己的說話，留有印象只會令自己不敢再向對方發言；而

對於讚美自己的說話，在感激對方之餘還會有「當年就是他說了這一句關鍵的說話，否則那會有今天的我」的想法。

簡單的讚美誰人都可以做得到

如果批評的說話和讚美的說話同樣都會留有深刻的印象，我們何不選擇說讚美的說話呢？

讚美的說話，可能只是很簡單的一句，例如：「你的設計做得不錯呀！你將來的成就一定很高啊！」這種發自內心的讚美，可能成為別人一生的信念，到最後獲得成功。

我有一個朋友，他只會批評。無論去到任何大小公眾場合，就只聽到他批評的聲音。

我有一次對他說：「難道你就只懂得批評人家嗎？為什麼你從不讚美對方一下呢？」他回應道：「有什麼好讚美的？做得對是應份的，做得不好我就一定要出聲，這樣他們才會有所改善。」有這樣思想的人，真不知和他說些什麼話才好！

就這樣，他的人緣運永遠都不好。在公司裡，沒有同事願意和他說話；在私人生活當中，他的朋友遠遠避開他，甚至有些朋友在出來聚會時，聽到有他的份兒就不出席，寧可在下一次沒有他的場合才和我們見面。

試問一個這樣的人，在事業上、感情上，甚至是在人生的道路上，哪會獲得成功？即使他的工作表現得再好，也不會得到上司的賞識及同事的愛戴。

簡單稱讚的例子

其實要讚美對方，並不是一件很困難的事情。不過可能中國人的思想都是比較傳統和保守，並不像西方人一樣，看到一些好的事情就會主動的發出由衷的讚美。

記得以前自己就有這樣的遭遇：一次我在餐廳用膳，旁邊的座位坐了個美國女人，當時她正在吃牛扒。

忽然，她發覺沒有黃芥辣，於是她向侍應招手，示意對方給她拿醬料。當侍應將芥辣端上的時候，她說：「Thanks！You are so great！（謝謝你！你是最棒的！）」只見那位侍應笑逐顏開，他從沒想到這麼簡單的事情也會得到這樣的讚美。

假如換轉你是那位侍應，你會這麼做嗎？就這樣，一句簡單的讚美說話，就能令到關係得到改善，對方也欣然受落。

我看到了這一幕，得到了很大的啟發。如果一句讚美的說話能衍生出這麼大的魅力的話，為何不加到我們日常生活當中，令到自己的談吐增加魅力。

兩天後，自己因為在家中工作晚了，沒時間到外邊用餐，於是我叫了薄餅外賣。送外賣的是一位印度籍的男士，我想起了前兩天的這一幕，於是我也對他說：「Thanks！You are so great！」然後再加多一句：「Have a nice day！」他覺得很開心，在離開時還對我作九十度的鞠躬。很明顯地他有種被重視的感覺，也覺得這份送餐工作很有意義。

從那時起，我就開始明白，讚美的說話怎樣令你的談吐變得更有魅力。

不要過分稱讚而變了「拍馬屁」

不過我們也要留意，「讚美」和「拍馬屁」只是一線之差；我們總不能對別人每件事情都說出讚美的說話吧？如果是這樣的話，你的言詞就會變得虛假了。所以，要讚美對方，令對方留下深刻印象，我們就要選擇性地讚美。

讚美的藝術，就是要令對方覺得受到重視，他所做的事情被人欣賞才可以。我們可以考慮從以下的地方作出讚美：

1 讚美外表：例如對方轉了新髮型、買了件新衣服，又或者配戴了一些新的飾物等等。

2 讚美興趣：對於對方的興趣作出讚美，令對方覺得自己的知識遠比其他人豐富。

3 讚美工作：對於上司、同事或下屬在工作上做得好的事情，馬上作出讚美，令到對方的地位得到肯定。

4 讚美想法：對方提出新的想法時，馬上給予讚美，從而鼓勵他繼續説下去。

還有一樣很重要的事情，就是讚美對方不但改變你的人緣運，也會令你的人生變得正面。因為在你讚美對方的同時，你也會想到美好的一面；久而久之，你的想法就會變得正面，而你的運氣也會隨之而改變。

所以，讚美別人隨了可以幫對方建立信心之外。更重要的，是幫助你自己改變運氣。

陌生人、朋友、老友

大部分人都會害怕在一些社交場合和陌生人對話，因為要在不知道對方底蘊的情況下，將話說得漂亮，實在是一件難度十分高的事情。

可是，如果你能夠好好地處理這種情況，主動、有技巧地和陌生人打開話匣子的話，別人對你的印象分便會大大增加，並為你帶來好運氣。

在陌生的環境中，你是樂意主動和陌生人交談，趕快打開話匣子？還是坐在一角，心想要快點離開？

相信大部分人都是後者，因為我們從小開始，便被家長灌輸不要隨便和陌生人說話的觀念，於是便形成長大後或多或少都會對「社交」有著一種潛意識的抗拒。有些人在長大之後會逐漸適應，但更多的人寧願躲在家裡，也不願意出來和人見面。

其實，第一次見面的是「陌生人」，但當第二次見面的時候，彼此便可能是「朋友」，分別在於你是否懂得和別人親近的技巧。

換句話說，如果你能夠運用適當的說話技巧，當第三次見面時，對方可能已經是「老朋友」了！我們做任何事都獨力難支，人總要靠朋友來幫助自己的。可以不斷將陌生人化為你的好朋友，一定會令你的運勢提升不少。

對於社交技巧並不高明的人，他們所面對的另一難題是「和別人沒有話說」，其次則是「不知道說什麼好」。

當知道了問題所在後，我們就應該針對性地就以上的問題作補救，大家不妨參考一下：

1 自我介紹

初次見面，當然要自我介紹一下，除了要報上自己的姓名和工作單位外，你也可以介紹自己的興趣，從而打開話題。

2 因應對方介紹打開話題

當對方也介紹了自己之後，你便可以就著對方的簡短介紹而開始交談，例如對方介紹了自己的工作，你便可以因應對方的工作而說：「哦，那會是一份很有趣的工作呢，能告訴我多點嗎？」又或者說：「那你的工作時間一定很長了！」等說話。待對方進一步說明後，你又可以就著對方說過的東西而繼續交談。

例如當你遇到一位做護士工作的朋友時，你可以問他：「那一定是很需要耐性的工作呢！你的工作時間是否日夜顛倒呢？」又例如你遇到一個從事保險業的人，你可以問他：「近年已有不少保險公司成立，競爭大嗎？」之類簡單的問題。而你也可以利用這些簡單的話題初步認識對方。

3 情景話題

所謂的「情景話題」，就是利用當時的社會環境或現場環境來巧製話題。常見的話題有天氣、時事、時尚潮流等，這些話題都是較容易和

別人得到共鳴。

情景話題主要的目的是打開話匣子，讓大家有溝通的機會，擁有同一個立場，從而進一步認識對方。

4 忌談宗教和政治之類的話題

在和陌生人交談之中，最好不要談及宗教或政治的問題。因為這些都是很主觀的東西，大家如果理念不相同的話，便很難得達成共識；也可能因此引起爭執也說不定，所以這類話題應儘量避免。

5 多看報章、雜誌

每天看至少兩份報章是我多年的習慣。因為如果當天不看報紙的話，你就有可能把握不到最新的社會狀況，結果和別人格格不入。例如某一天發生了嚴重的交通意外，如果大夥兒在談論而你還要弄清楚是怎麼的一回事時，你就顯得有點兒無知，或跟不上潮流了。

多閱讀報章便可以知道當天的新聞，而雜誌則可以令你知道更多時下流行的玩意或話題，例如新開張的食肆，新開發旅遊景點，以及時下熱賣的產品等。掌握了以上這些資訊，將會令你和別人有更良好的溝通。

誘技巧：讓人想聽你說話

溝通是雙向的，這點無庸置疑。我們除了要說話之外，也要聽聽別人的說話，這樣才可以因應別人的想法而不停的修正自己想要表達的內容，從而令大家達到共識，這樣的談話才會愉快。

那麼，和別人溝通的時候，「說」和「聽」的分配比率應該是多少呢？

大部分人都有一個誤解，以為兩方面的比重應該是五十對五十，即是一半一半。而在實際應對的時候，有些人更將自己說話的比重提高至70%，甚至乎80%，這樣的對話幾乎無可避免地減低效率，也令你不太清楚對方的想法。有些父母對子女，更可能提高至90%。可是，這樣的對話實際上是毫無意義的，我也看不出這樣的對話還有什麼效率，嚴格來說這些都好像是訓話，而不是對話。

我們以為把話說出來，就是溝通，事實當然不是這樣。因為我們把話說出來之後，每每以為對方都會清楚接收得到，其實如果不能適時讓對方也發表一下自己的意見的話，我們是不會知道對方有多明白我們心中的想法。

另一方面，我們一味只顧自己説，對方也可能會覺得厭煩；如果能夠讓對方有足夠的説話空間的話，對方和你對話的興趣自然大增，而自己也可以趁這個時候重組自己想表達的內容，令對話更有效率。

還有一樣很重要的東西，就是「講多錯多」。有時候，自己説錯了話而不自知，如果對方一味沉默地聽你發表偉論的話，你就有可能不停地暴露自己的弱點，而令自己處於下風之中。

所以説和聽的比率，並不是一半一半，而是聽的比率遠比説的比率為多，最好是 70% 的時間在聽，而只用 30% 的時間説話，你會發覺這樣的比例，才是最有效的溝通，恰到好處。

要傾聽別人的説話，並不是沉默地傾聽，而是有技巧的。以下有數個要點我們需要注意：

1 眼望對方

當別人說話的時候，應該要將全副精神集中在對方身上，而眼神接觸就扮演著一個最重要的角色了，這個我想從小到大，你也聽過不知多少次了，這是最基本的禮貌啊！但往往有很多人都沒有做到的，在別人說話時雙眼望著對方，可以令到對方知道你是很重視他的說話；最忌顧左右而言他，雙眼不停的望著別的東西，這樣對方會有一種「不被重視的感覺」而令你的形象大減，也會使對方不想再和你談下去的感覺。

在工作環境之中，每當有下屬找上司談話或尋求協助的時候，上司應當放下手上的工作，而將注意力集中在下屬的說話之中。有些上司會裝出很忙碌的樣子，下屬進來房間說話的時候，都會在批閱文件，或對著電腦閱讀公司電郵；這些舉動應該儘量避免。古語云：「一心不能二用」，我真不敢相信上司在做別的事情時，還可以聽到下屬的說話。

另一種情況就是夫妻或男女朋友之間的對話，有很多女客人都向我抱怨，說她們的男朋友或丈夫不太重視她們。當我問明原委時，發覺那些男朋友或丈夫的共通點就是在聽對方說話的時候做別的東西，例如執拾東西，看電腦上網等等，而沒有適當的眼神接觸；所以，無論是男女也好，當對方有話要向你說的時候，你應該放下手頭上的工作，雙眼集中的望著對方，如果你真的很忙碌的話，就直接對對方說你很忙，可以的話，遲些再和他傾談，這樣對方就會覺得你很重視他了。

2 身體語言

在人與人的溝通之中，身體語言是不可或缺的部分，而大部分人都忽略了這重要性。說話內容是具體的表達方式，而身體語言則是暗示的表達方式。暗示的效果，有時候比具體更大；人有90%的感覺是來自潛意識的，如果你的身體語言做得不好，你就有可能令對方在潛意識之中抗拒你，又或者產生誤會而添上不必要的麻煩。

我在此列舉幾種最需要留意的身體語言給各位參考一下。

a 雙手張開

一個人的雙手張開，代表他對你的態度是正面的，我們在防衛的時候，都會將雙手靠攏在自己的胸前。當一個人疲倦的時候，會不期然將雙手交叉放在胸前，但這樣做會給別人感覺你在保護自己，而和別人形成一種「對立」的感覺。

相反，如果在對話時將雙手向外張開的話，在別人眼中看來你就是採取開放的態度。

b 重心分佈

在站著和對方談話的時候，我們也要留意一下自己的重心，應該是平均放在雙腳之中，而不是側重在某一隻腳之下。將重心放在單腳會令你看起來搖晃不定，而且看起來很沒耐性的樣子。

c 保持笑容

笑容是最厲害的武器，在任何場合之下都管用。古語有云：「不打笑面人」，多加點笑容，別人對你的敵意自然會減少，會不自覺地説更多的東西給你聽。

d 適當的身體接觸

在談話過程當中，保持適當的身體接觸是很重要的。面對面的談話比較難以使用，但當大家站著的時候，我們可以在適當的時候拍拍對方肩膀，談話就會因此而變得輕鬆起來；因為身體接觸是友善的表現，適當的身體接觸會令你和對方的距離拉近。

e 多做認同的動作

在對方説話的過程當中，我們應不時點頭，或以簡單的「是」、「好的」、「對了」這類簡單正面話語來説明自己認同對方的想法，而且明

白他的想法。當我們作這些認同的反應時，其實是暗示對方可以繼續說下去，來鼓勵對方多說一些。除了認同之外，說一些鼓勵對方再說下去的話語如「真的嗎？」、「太好了」、「後來怎麼樣呢？」、「能否再詳細說明一下嗎？」等話語。

總括來說，傾聽是一種藝術，良好的傾聽態度可以令對方更容易接受你的想法。

f 不要搶著說話

在對方發表自己意見的時候，我們應該要有耐性地把對方的話聽完，才發表自己的意見。

天下間最糟糕的人，就是什麼話都搶白一番，又或者自作聰明，未等對方把話說完，就幫對方將說話接下去；當對方被你搶白了數次的時候，他就會變得不喜歡和你談話，因為他潛意識有受到挫折的感覺。

9 避免擺出一副「我不知道的樣子」

沒有人能夠懂得所有的東西。當別人對你說話的時候，我們會有一些事情是不知道的，我們可以回問對方，或要求對方重說一遍，但就不要在身體語言當中擺出一副「我不知道」的樣子。最常見的動作是雙眼直視對方，聳聳肩，然後雙手伸出，手掌向天。

「聳肩——雙手張開——手心向天」是一個非常討厭的姿勢，這個姿勢會令對方覺得無助，對話馬上變得單向，及有一點迷惘。當這樣做的時候，對方馬上會生出疑問：「這樣是什麼意思？我的說話他明白了嗎？」「他是不是否定了我的想法？」更嚴重的，是對方可能會覺得你有些事情隱瞞著他而不願意說出來。

我看過很多這樣的人，當我說了一些東西等待對方確認的時候，對方就會作出這樣的姿勢，而大部分時候都是對方有意隱瞞，不想說真話的時候表露出來的。這樣的姿勢，給我有點無所適從的感覺，又或者不能將要表達的內容再接續說下去。

Chapter 03

道亦誘導：成為職場萬人迷

不幸成為是非主角，如何脫身？

「你知道嗎？Simon 最近好像和阿 May 搭上了。」

「那個 Linda 真凶惡呢！這種人只好聽做『老姑婆』了！」

「昨天我看到 Joanne 在講電話時邊講邊哭，不知道出了什麼事呢？我想可能是她丈夫在大陸『包二奶』！」

是非真的不勝其煩，如何處理是非，將是職場「上位」重要的一題。

人人都說：只要有人的地方就有是非。尤其是現今資訊發達，大家取得資訊的途徑變得比以前多，甚至只要一個電郵，便可以將事情迅速公諸同好。

在面對是非的時候，有些人會大吵大鬧，誓要找出說是非的人；有些人則不發一言，以不變應萬變。那麼，怎樣的處理手法才是最好呢？

雖然我們不能控制別人的嘴巴，但我們可以透過一些技巧來遏止是非的蔓延。

1 不急不燥，當沒事發生過

說你是非的人，無非都是想看你在被人說中之後的反應。如果你沒有作出任何反應的話，他們就會覺得「不好玩」，於是再說你是非的機會自然減低。

道理正如吵架一樣，一定要是雙方面的。如果只有一方在大吵大鬧，而另一方不加以理會或回罵的時候，到一定的時間對方就會收歛了。

相反，如果你表現出緊張的情緒，就會令到大家有更多的揣測，也會確信真有其事；反而什麼反應也沒有，就像故事的主角不是自己那樣，大家就可能會覺得「事實可能不是如此」。

2 找好朋友了解

在公司內，一定會有一些和你談得來的人。這時不妨向他們打聽一下是非的來源，以及為什麼會有人在背後道你的長短，對你一定有幫助。

同一時間，你也不妨了解一下你身邊的好朋友或好同事是否支持你，找到支持你的人，你的情緒自然會平復了不少。

3 自我反省，認真思考

了解事情的原委後，就要自我反省，看看問題出在那裡。古語云：「無風不起浪」，有人說你，一定有其原因，是否你的性格比較差？還是最近做了一些事情得罪別人而不自知？

當明白了原因之後，就要行動，作出改正，看看有什麼地方可以改善，令到自己下一次不要成為別人談論的對象。

4 主動澄清

如果真的沒有其事的話，適當時候就要出來主動澄清。當然，不是叫你開記者會來澄清事件，你只需要找幾個和你關係既好又八卦的同事說明就可以。他們自然會幫你將真相散佈出去，謠言就會停止了。

5 改善人際關係

其實除了在有是非發生的時候，要懂得如何處理外，最重要的都是留意平日你的言行舉止，以及待人接物的態度。

試想一想：為什麼那些是非中的主角永遠都是那一撮人？而每每是非牽起後，大家都樂此不疲地攻擊他們呢？就是因為他們平日的言談舉止和待人接物的態度上、行為上出現了問題，當有是非出現時，矛頭就很容易直指他們了。

6 主動分享情報

在多數的情況下，當自己掌握了一些公司的重要情報時，往往不願向他人透露。長此下去，別的同事也不會將自己知道的東西告訴你，這樣你就會有被孤立的情況出現。

要避免有這種情況發生，我們平日就要留意，將一些預先知道的東西和別人分享：可能是管理層的對話，可能是一些內幕的人事變動，諸如此類。

其實，即使你不說出去，別人遲早也會知道。但如果你預先告知相熟的同事的話，就當是互相交流意見吧，這樣當你有事的時候，他們也會樂意站在你那一邊。

7 聊天話題過於疏遠

有很多時候，被孤立的同事通常都是那些不願透露自己事情的人。

當然，不是要求你說出一些很私人的東西，但一般的家事，假日去了那裡，自己所結識的朋友所發生的事情等等，都是可以談論的，這樣會給別人一種比較親切的感覺。什麼都不說，只談公事的話，會被別人認為你是一個高不可攀，神秘莫測的人；他們對你的家庭狀況一無所知，自然不會和你有太過密切的關係了。

8 分工合作

現代商業社會講求團隊精神，很多事情都不是一己之力可以做得到的。如果你平日只顧自己，完全沒有「群體觀念」的話，別人一定會疏遠你。平日多找人幫忙，也多幫忙別人，大家的關係自然會親密一些，對你的態度自然會有所改善。

9 「雞髀打人牙骹軟」

人天生喜歡吃東西，這個是人類的本能。所以，除了要在說話上要注意之外，平日如果可以的話，不妨帶備一些生果、零食等東西回公司給同事分享。

這個是很好的方法，因為人的心理有時很奇怪，就是平時和你不是太親近的人，如果你能拿些小東西給他吃，或送些小禮物給他，他就會不其然地覺得你是他的朋友，至少你不會是他的敵人吧！所以那些常常請別人吃東西的人，通常會被視為平易近人，思想開放及樂於助人的一群。

「隨心閒聊」才是致命陷阱

在一個派對上，總經理走過來向一班基層的同事打招呼。

「Hello！玩得開心嗎？」總經理殷切地問。

「不錯啊！」同事們有一句沒一句地回答。

「這很好，最近你們在公司都工作得開心吧？如果有什麼不開心的話，可以直接來找我談談啊！」總經理盡力想讓氣氛輕鬆一點。

「……」同事們沒有一個夠膽發言。

其中一位同事開始發言：「這樣嘛，那我先來說了……」。就這樣，同事們輪流說了二十分鐘關於公司裡的問題。

數天之後，這些問題被帶到了管理層之中，有些經理級的同事被責問，也有些被調了職。

後果真的是這麼嚴重嗎？

職場上，閒聊其實不是「閒聊」。在生活上，我們有很多時候都會有閒聊的機會；而工作上，我們也有很多機會和同事、上司或下屬閒聊。

在生活之中和朋友閒聊，可能真的是閒聊而已，大家都沒有什麼目的；可是在職場上，我們就有必要留意一下了：因為這些閒聊的內容，在過後可能會演變成嚴重的後果；這些情況尤見於管理層和下屬的對話。

他們大都是在一開始時就說「沒有什麼，只是談談而已。」他們努力使自己看起來一副親民的模樣，因為他們也不想被別的下屬或同事孤立，所以會擺出一副「有什麼事都可以和我商量」的樣子。

而同事之間，由於受到環境所影響，通常都是在一些不正式的場合，例如酒吧聚會，公司週年聚餐等等，錯誤地以為說些心底話沒有什麼大不了，但這些場合往往就是吐出真心話的地方，因為人的警覺性在哪些地方會變得鬆懈起來，話題也變得廣泛；警覺性低，說話的真實性自然提高。

非正式聚會可以聽到真心說話

如果你是上司的話，你大可定期安排一些非正式的聚會，例如出外吃飯、卡啦OK、BBQ等。在這些場合中，上司最容易和同事打成一片，而且也會容易聽到他們的心底話。晚間或假日的聚會又勝於平日午飯時間的聚會，因為晚間或假日都過了放工的時間，心情自然會有所不同。

別指望在會議室裡能夠聽到真心的說話，因為在會議室裡，大家的立場都好像是對立的，即使一同商量某件事情也好，會議室的氣氛都給人嚴肅的感覺，所有同事說的話都是在深思熟慮的情況下說出來的，聽到真心話的機會自然降低。

如果你是下屬的話，你就要加倍留意非正式場合和同事之間的說話。當然，正面的說話不妨多說，但負面或對公司不滿的說話，就最好盡量不要說了，不說對你沒有壞處，反之，說了也不會對你有好處啊，與其是這樣，不如不說了。

平日說話要小心

在這些場合之中，我們只需要自己明白「逢人只說三分話」這個道理就可以了。因為如果不留意，警覺性稍一鬆懈的話，有時候一句無心的說話，他日可能變成管理層會議之中的課題，而管理層也未必因此而感謝你的意見；反過來說，你可能成了管理層「關注」的對象。

至於同事之間的聚會，也要注意避免說人是非；聽是非倒是沒有問題，但如果是由你說出來的話，可能有些同事暗暗記在心裡，在過後將這些是非說給上司聽，當作做人情也說不定。有些人善於偽裝，表面上和你一副同一陣線，對你批評的說話也會附和；但內裡卻暗暗記下你所說過的東西，適當時候就會向不同的人報告。

朝夕相對變了「間諜」

我聽過有一個客人說過，他是任職營業傳銷經理，在某一次赴海外的聚會當中，他和其中一位很談得來的同事同住了三天。在那三天之中，他們的關係密切，在第二天他已經和這位同事很熟絡，無所不談；言談間也涉及一些私人的問題，例如和伴侶感情不佳，和母親時常吵架等等，而這些東西他在日常工作之中少有向人提及。沒想到回來之後的一個月，三個不同的同事都過來慰問他，關心他的感情及和母親的問題。他為此非常生氣，可是話已經說出去，想收回已經太遲了。

請記住，「最安全的時候，往往就是最危險的時候」。這點和「最危險的地方，就是最安全的地方」有異曲同工之妙。愈是氣氛輕鬆的地方，說錯話的機會就愈大，我們一定要加倍小心。

應付上司提問不必閃縮

「哥頓，你對於剛才的點子有什麼看法呢？」老闆在演示會途中，突然問道。

「這個……我覺得這個還不錯！你的意思是公司要在年底達到年初訂立的銷售目標，我看問題還不是很大的。」

「有可能達成嗎？」

「這就要看環球經濟的情況怎麼樣了。」

換轉是你，你會這樣回答嗎？

面對上司突如其來的提問，不同的人有不同的應對方法。

有些人不大在意上司平日的提問，以為只要將自己所知的如實相告便是。其實這種想法不完全正確，因為老闆對你的印象，都是從平日的工作表現之中看出來的，如果你在平日應對得體的話，老闆對你的印象自然大增。

「少說話，多做事」已經過時

不少人都認為平日只要盡量減少和老闆說話就可以避免出醜，但可惜這一群人永遠都不會是老闆心目中的升職對象；數十年前還可以用這樣的態度應付老闆，但在今天的社會之中，做事主動一點肯定會為你帶來優勢。

最常見的情況就是：在會議室之中，當老闆說了一些自己的看法後，便即時詢問在場的下屬對他的說話有何見解。

通常在這個時候，很多人都會低下頭來，怕老闆詢問自己的意見。他們生怕說出自己的見解，會得不到老闆的認同，但其實這正是你表現自己的好機會；這會給予上司一個良好的印象。

但話雖如此，如果不能了解上司的心意的話，稍一不慎，可能會得罪老闆也說不定，這樣可能會影響到上司對你工作表現的評估，即使你工作是多麼勤力也好，如果你的口才不佳，不能即時說出獨特的見解的話，整體來說，老闆還是不會看好你的。

要應付上司突如其來的詢問，我們有以下數點需要注意：

1 先附和及贊成他的看法

和之前提到的說話技巧一樣，對別人所提出的意見，我們先要附和及肯定對方。對老闆也是一樣，即使你完全不同意他的見解或存有疑問，你也應該先說一些正面的說話來肯定對方，以消除對方和你的敵對情緒。例如：「我同意你的見解」或「你這樣說是對的」等等。

2 扼要指出重點

一味只顧同意是不行的，因為這樣並不能突出自己。相反，你要在附和的同時馬上入正題，而且說話要簡潔、明確，切忌說話含糊不清，又或者沒個人主見，令別人聽你講了一大堆話後，仍捉不到你的重點，不明白你想說什麼。

我聽過最糟糕的回應，就是對方像是在自言自語般，用一種只有他自己才能聽到的音量，含糊地說：「唔……是的……這個……我記得了……原來是這樣……我的看法是……噢……不是……我其實想說……」說了一大段話，大家都不知道他在說什麼。

3 要提出自己相類似的看法

在講出重點後，便要馬上指出你和上司彼此的見解共通之處和不同之處，大家尋求共識，這樣你的意見更容易被上司所接受。

4 反問讓上司思考

適時地要作出反問問題，這可以令上司更容易掌握問題所在。你亦可因此探索一下上司對你的見解的滿意度。

例如上司要你推行一個計劃，但只給你兩個星期的時間去籌備。你覺得時間並不足夠，你需要多一點的時間才行，於是你可以說：「我想這個計劃要三星期才會準備得再好些，而推行起上來就能更順暢了，你說是不是呢？」

這樣問的好處是：

- 明確説給上司聽，這個計劃的籌備時間不夠；
- 哪多少時間才足夠呢？三個星期才足夠。雖然你沒有直接說出時間不夠，但從你這句話當中，上司就能了解到，推行新計劃要三個星期；
- 說話始終保持正面。例如：「兩個星期的時間不足夠」；「我無法在兩個星期完成」等負面的說話，這樣上司就更能接受三星期這個說法，而且你是在徵詢他的意見，在潛意識中，他也就會考慮給你三星期的時間了。

5 平日多做功課

話說回來，假如你連平日的準備功夫都做得不足夠的話，那無論你有多好的口才，也未能直接說出重點。情況就如一本字典一樣，如果字典裡面是沒有字的話，任你怎樣查也查不出答案。所以，你平日就要多加留意，熟記清楚相關的資料，這樣在會議之中，你便能夠胸有成竹，應付突如其來的詢問了。

好上司是怎樣煉成的？

一間公司由於近來的業績太差，經理於是召開緊急會議，和前線銷售人員商討應變對策。

「我不管你們用什麼方法，總之要在這個月內找到足夠的訂單！」經理咆哮道。

「沒有問題吧？那就快去工作！」

可是，即使到了一個月後，該公司的業績還是沒有改善，更甚的是生意額進一步下滑。

對於該名經理的處理手法，我實在不敢恭維。如果你想要將業績重新納入正軌的話，就必先要增強同事和公司之間的凝聚力，令人人都盡心工作。只有懂得箇中技巧的人，才能成為團隊的核心人物，以及老闆最看重的人。

1 指示要清晰和明確

上司所發出的指令，一定要清晰、明確。由於每個人的理解力都會有所不同，如果你下達的指令含糊不清，又或者欠具體的話，便會令對方產生誤會，於是出來的效果必定和你要求的差天共地。所以，只有清晰的指令，才會令大家有共識。例如：

「我要你們找到足夠的訂單。」

以上這句說話極有問題：什麼叫做「足夠的訂單」呢？是將營業額提升20%？30%？40%？還是更多？

員工聽後只會感到「一頭霧水」——他們只知道要做多些生意，然而卻沒有目標，結果做出來的成績自然強差人意。

2 語氣要恰當

良好的語氣是必須的。員工是公司的重要資產，我們絕不能夠將他

們當作傭人一樣看待。員工滿懷熱誠地工作，和員工愛理不理地工作的效果完全是兩回事。如果你的語氣是有商有量，表現出重視他們的話，他們自然會為公司賣力。正如足球場上的球員一樣，假如每人都能夠賣力一點，十一個人的球隊隨時可以有十五個人的效果。

3 不要將責任卸給下屬

大部分的上司為了保住飯碗，在出事的時候往往會將責任卸給屬下。如果是這樣的話，員工看在眼裡，上司的威信及地位便顯得盪然無存。其實，有任何事情都應該共同承擔，無論是功是過，都應該和下屬站在同一陣線。

就像以上的例子，如果上司能夠加多一點關心，說多一些鼓勵的說話，下屬自然會感受得到上司對他們的關心及愛護，從而更加奮力圖強，再創佳績。

4 多作表揚

雖然員工可能已經得到應有的薪金，但給予下屬適當的鼓勵是必需的。讚美只是數句說話，但在員工心目中已是最大的鼓勵。

如果下屬做得好，上司應該在會議中公開表揚他們；同時也應該鼓勵那些並未達到要求的下屬，好等他們知道上司同樣器重他們。例如：「某某已經做得不錯了，雖然還差一點點，但如果能夠繼續努力的話，我深信他不久一定能夠完成指標的」等鼓勵說話。

5 不時詢問進度

人總會有惰性，在無人監管的時候總會有鬆懈的時候。如果上司能夠適時作出提點，及不時詢問下屬的進度的話，效果自然會好得多。不過我們要留意一點，就是詢問進度並不是「督工」（雖然事實正是這樣）。但你可以利用關心的語氣，給予鼓勵的說話來表明你是緊張他們才會這樣做。如果能夠有上司不時以關心的語氣來詢問進度的話，下屬是會很受落的。

6 事情完成後加以獎勵

當事情完成後，無論上司及下屬都會鬆一口氣。這時候，你應該予以獎勵，告訴下屬他們的努力是沒有白費的。你可以請吃飯，又或者送一份小禮物以表心意。即使是簡簡單單的一頓午飯也好，對方也會明白你的心。

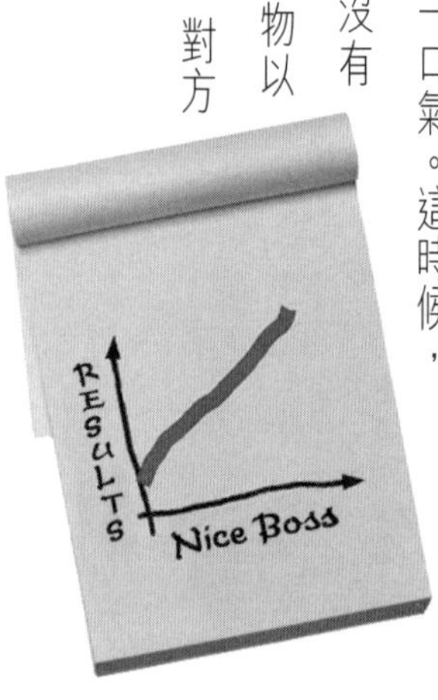

說話太盡等同封殺自己後路

「這部相機是否有微距拍攝功能？」

「沒有。」

「那麼，有哪部相機有這項功能的？」

「就這一部吧，這部機是最新款的了。」

「它有八百萬像素以上嗎？我需要用來沖曬大相的。」

「沒有。」

「那麼，有哪一部相機是有齊以上兩項功能的？」

「沒有。」

客人到最後當然是拂袖而去，沒有售貨員的銷售技巧比這位更糟糕了，但你我身邊卻時常碰到這樣的售貨員。

有些時候，我們要無可避免地説一些負面的説話，如何將負面或拒絕的説話説得好，就是説話的藝術。

最常見的例子有：

「沒有。」

「我幫你唔到。」

「無辦法。」

「係咁架喇。」

「你唔鍾意就算。」

「你問我都無用。」

「你鍾意點就點。」

説這些説話，就好像玩話事啤時底牌給人看穿一樣，將自己的底線毫無掩飾地暴露於人前。而我發覺，説了這些説話，就等於是自掘墳墓一樣，別人沒有轉圜的餘地，即使對方不説出口，你也會知道對方失望的心情。

幫顧客解決困難是成功的關鍵

最常見的，就是在前線做銷售工作的人員，他們在推銷產品的時候，如果顧客提出一些要求而他們沒有辦法達到的時候，往往會一言道出而令顧客失望。

其實，在銷售產品時，顧客的購買意欲，會隨著你的介紹而提升或減少，大部分顧客都會不動聲色，一副「看你怎麼介紹」的模樣，雙手交叉放在胸前，並不發一言。如果你的介紹正是他們所需的話，他們會開始和你交談；一般來說，他們都會問一些心中的問題，這個就是「Buying Signal」了；如果你能夠克服他們的困難的話，他們就會乖乖的掏腰包購買你的產品；但如果你在這個時候說出一句「無辦法」、「係咁架喇」之類的說話來，他們就會好像從夢境之中醒過來一樣，然後拂袖而去。

我們在拒絕他人之前應該要問自己：「事情真的沒有辦法可以完成嗎？」，又或者「是否還有其他更好的方法可以解決問題？」雖然有些事情真的無法解決，但我們可以想想是否還有其它可行的方法，又或者說些其他的事情來分散注意力。

延續對話提升成功率

假如你是一位手提電話推銷員，當顧客問你：「這部電話有沒有3G功能？」的時候，你要留意顧客說這句話的目的。可能他只是隨便問問，也可能他真的需要此功能。這個時候，如果你只答一句：「對不起，這部電話是沒有這項功能。」而不說任何其他東西就是天下間最糟糕的答案。

正確的做法是應該馬上了解顧客說這句話的目的。你可以反問他：「你需要用3G功能來做什麼呢？」這樣可以令你了解更多關於顧客的需求。

如果顧客只是說：「沒有什麼，只是隨便問問而已」的話，你就可以進一步解釋3G功能可以應用的範圍，例如視像電話，下載新聞片段等等，然後再問他是否有機會應用到這些功能。如果他答沒有的話，你就可以安心繼續介紹這部電話。

但如果對方說有時候會用到這些功能的話，你可以馬上介紹另一部有3G功能的電話給他，而不用再花時間去介紹一部可能對方不合適的電話。無論如何，都不要說「No」然後等待對方的反應，因為對方可能因為你一句「No」而覺得沒有必要再和你交談下去。

給上司感覺「你已經盡了力」是很重要的

下屬對上司的態度也應如此。如果上司要求下屬做一些東西，而這些東西是沒有機會可以完成時，也不應説「這件事辦不到」。相反，下屬應該想想有什麼其他東西可以做，利用一些其他類似的方法去完成事情，這樣才不會給上司一種「他每件事情都拒絕我」的想法。到最後，可能事情也是辦不到，但下屬在反建議的過程之中，也會給上司感覺到「他已經盡了力」。

以退為進，立於不敗之地

「怎樣？你又沒有證據，你奈得我何嗎？」疑犯挑釁探員說。

「如果你再不合作，就可別怪我不客氣了！」探員向疑犯表示。

「那你就放馬過來吧！」疑犯反駁道。

「年青人，別光火——」這時一位較年長的探員溫和地道：「我們絕沒有為難你的意思。相信你也明白，我們也只是在工作，絕對沒有理由要令你難受。你只需要就你所知的回答我們，我們一定會查過清楚的。如果真不關你的事，我們一定會放你走。」說罷，這位警員將疑犯拉到一旁，並以一副「老朋友」的態度和疑犯商量。

「看你的態度還好一點。」疑犯的態度開始軟化，並續說：「我就將我所知的告訴你吧。」

軟硬兼施，永遠都是最有效的方法。當大家說話都是起了稜角的話，彼此根本不可能有談下去的空間：因為大家都知道，誰的態度變軟弱的話，誰就會輸，當大家都越不想輸的情況下，也就越沒有辦法談下去，但如果有個「第三者」在場的話，情況可就不一樣了。有一下台階，談話的氣氛也會緩和些。

與其說「談判」是言語間的較量，倒不如將它說成雙方心理上的較量會來得恰當。雙方的說話，其實是心理狀態的反映。誰能控制對方的心理，誰就是大贏家。

要說服對方，首先就要知道對方的心理狀態，從而將它改變，變成有利於自己那一方。

我們可以利用以下三種心理戰術，成功迫使對方就範，並做出有利於自己的決定。

1 好人醜人談判法

這種談判法一定要有至少兩人才能成事。就像剛才的探員一樣：一

個做「好人」，一個做「醜人」。

如何運用？你要先用「醜人」講盡尖酸刻薄的說話，語氣也要比較重，務求擾亂對方的情緒；之後就到「好人」出場了！

「好人」要擺出一副有商有量的樣子。假如對方再不肯就範的話，就又輪到「醜人」出場，目的是給對方一種「敬酒不飲飲罰酒」的感覺。就這樣，「好人」和「醜人」的交替出場，讓對方的情緒遭受到大幅度的變化，最後令對方就範。

2 漁人得利法

這種辦法最常見於大公司之中，就是利用公開投標的方式，為自己公司爭取一個有利的價錢購買產品。由於公開投標通常不少於四間，對方為了要做得成生意，於是便會將己方的價錢壓低。這種方法，可以防止公司以「高於市價」的價錢購買產品。

這種方法還有另一個好處：就是不會被對方的甜言蜜語所迷倒，也不能令對方因為口才好而提高價錢。

有一個富翁，因為房子要裝修，於是找來四間公司來報價。他請四間公司的代表同時間來到自己家裡，然後藉詞有很多工作要做，把四間公司的代表都留在會客室。之後才逐一請他們到自己的書房面談，讓他們自己表達自己的優勝之處。

這四間公司的代表為了要做成生意，都不斷的訴說對方的不是。而這個富翁也從這四間公司的代表口中得到了很多內行人的知識，經驗提升了不少。

到最後，富翁選了工作能力最好的C公司，卻只願出最便宜的A公司的價錢。由於C公司急於求成，結果只好寧可賺少一點，也願意和富翁合作。

在這個例子中，富翁既能揀選服務最好的公司，也可以用最經濟的價錢來做裝修，實在是一舉兩得，漁人得利。

3 以退為進法

這個方法完全是心理上的戰術，就是在談判中途表明退出。你可以這樣說：「既然你要堅持己見的話，我也看不出再談下去會有什麼結果。你走吧，我可以再找另外一間公司。」當然你並不是真的想退出，而是趁此機會給對方施壓，好等對方作出讓步而繼續和你談下去（不過，即使對方真的走了，你也大可以找另外一間公司再洽商，在你而言自己亦沒有損失）。

在這個時候，你還可以試探對方的底線，看看你提出的條件是否真的那麼難以接受。因為對方的底線你是不知道的，可能對方真的有困難，但也有些情況下對方可能知道你已經得悉他的底牌而作出讓步。

如果真的是這樣的話，對方是有可能會接受你所提出的條件的，屆時你又可以多賺一筆了。

如果可以「提點」，那就不要選擇「指責」

「我跟你說過多少遍？入屋前一定要除鞋！」媽媽厲聲責罵小明。

「哦……」小明沒好氣地道。

「跟你說多少次也沒有用！你一句也聽不入耳！」媽媽續說。

小明也沒有回應，自顧自跑進房間去了。

過了數天，小明回家時依然沒有脫掉鞋子，彷彿他將媽媽之前所說的話記得一乾二淨。

不停的責罵，從來就是最沒有用處的溝通方法。

在現實生活中，當我們要提醒別人將錯處改正過來的時候，當中又要用到什麼技巧才不會令對方感到難堪？

大部分人都會認為沒有這種需要，即他們認為「做得對是應該的」，

又或者抱有「做對是閣下的本份」，持有以上想法的往往又是公司的管理階層，所以他們只會用最「快捷」、「有效」的方式去「提點」對方——責罵。他們都認為只有直接的指出對方失誤的地方，對方才會痛改前非，於是他們往往會將下屬罵個「狗血淋頭」，相信不少「打工仔」都會有同感。

可是，我們要留意一點，就是「責罵」這種說話方式涉及個人的情緒，而且大部分的責罵也不能達到目的。所以，當我們遇到不滿意的地方，應該用提點的方式來暗示對方，而不應採用直接責罵的方式教訓對方。

毋須直接道出錯處

相信沒有人是不喜歡被讚美的。對於一些自以為公平、公正的人，他們每多會對自己的下屬這樣說：「我本人比較實事求是，我不喜歡拍馬屁的員工；有話就直說，不要只顧巴結我而不顧工作。」

說實在，我對這種人很不以為然。「人」天生就是喜歡被讚美的，我深信如果有一個員工每天都對著這種人「實事求是」，將公司的諸多不滿如實說出來的話，他很快就會被辭退。

「崩口人忌崩口碗」這句話一點也沒錯，如果這位管理層本身的性格是守舊，不敢於創新的話，有員工對他說：「你太守舊了，一點也不創新」你想會有怎麼樣的結果？這位員工只是將事實說出來，他不拍馬屁，而他也可能一心只是想公司得到改善。可是這樣的表達方式毫無疑問會令這位管理層反感。由此可見，批評、提點也是需要有技巧的。

讓對方較易接受

對於看到有不滿意的地方，我們可以用客觀、正面的方式去表達，不要涉及個人情緒。因為涉及個人情緒的批評或提示，就是責罵；例如以下的一句說話：

「我覺得你這樣做是不行的，你這種做法完全沒有條理，你應該將這兩類東西分開來做，這樣當錯誤發生時，才可以知道那個部分出了錯；說了這麼多次你還不明白，請你好好留意一下吧！」

這句說話犯了以下的錯誤：

「我覺得你這樣做是不行的。」（涉及情緒及主觀的負面看法）

「你這種做法完全沒有條理。」（主觀的批評）

「說了這麼多次你還不明白。」（主觀的批評）

「請你好好留意一下吧！」（教訓）

對於這樣的責罵或批評，在你我日常生活中時常聽到。讓我們來想一想，看看什麼樣的表達方式可以令到說話技巧得到改善。

又看看以下的說法怎麼樣：

「這樣看起來做得不錯！不過我在想：如果有問題的時候，兩樣東西沒有分開做就不知道是那一方面出了問題了；如果能夠將兩樣東西分開來做，在出錯時就可以馬上說出是哪一方面出錯，還可以即時更正呢！這不是更好嗎？你看怎麼樣？」

整句說話完全沒有責怪或責罵的意思，而且也來得恰到好處，能夠指出問題所在，也可以暗示要對方想一下，分開來做是否會更好，這句說話就是要和對方商量的意思。同樣是表達一句說話，第一句和第二句說話給對方的感受就是完全不同。

所以給人和藹可親，平易近人的智者，都是用第二種說話方式去表達心中的意思的，你呢？

拒絕前設立場，才能妥善交流

「Gary，你看這個報告書是否做錯了？」老闆的語氣似乎不太好。

「沒有呀！為什麼這樣說呢？」Gary不太明白道。

「還說沒有錯？這個月的營業額明明是二十五萬，為什麼你寫上了二十三萬呢？」

「是這樣的，因為有兩萬元會計部趕不及入賬，所以我將款項撥進了下個月之中。」

結果，老闆不發一言走開。

人總不想承認錯誤，即使做錯了，也不願意被人指正，因為被指正是代表自己做得不好。在說話技巧中，對別人的錯處窮追猛打的說話方式，稱為「迫問法」。

「迫問法」就是不停用假定對方做錯的問題反問對方，令對方只顧忙著解釋。在我看來，這種問問題的方式不應常用，尤其在日常生活及工作當中，更加不應使用。

因此，即使我們發覺對方事情做錯了，也不應該馬上當面指正對方，而應想想怎樣利用說話的技巧，婉轉地將事情告知對方。

天下間最糟糕的說話方式，就是在假設對方做錯了的情況下所說的話，如：

「怎麼會是這樣的？是否你看錯了？在我看來，事實並不是這樣。」

開頭認定對方做錯容易處於對立位置

這些一開頭就認定對方做錯了的人，大部分都會被人覺得沒有禮貌，而且也沒有見地。即使你的說法是多麼正確也好，你一開始就認定對方做錯了，對方在潛意識上會和你有一種「抗衡」（Oppose）的態度，一旦對方和你有這種態度，無論你說什麼話都好，他本能上都會想一些理

由來反對你的說話，以致你後來的論點他都會聽不入耳。

與其這樣，倒不如一開始就不要說反對的說話，這樣更能容易為對方所接受及更能令對方說出心中話。

以上的問題，我們不需要直指對方的錯處，只需要直接說出自己心中的看法就可以了，這樣雙方就可以繼續討論下去。

我們看看以下的回應會不會好一點：

「你的看法不錯，而我則有另一種看法，我們可以討論一下……」

這句說話在一開頭先嘉許對方，證明對方有其獨特的看法，而你則用另一個角度去看事情；你也說明你並不一定是對，而只是說出來，大家討論一下。這樣氣氛就可以緩和，而且大家都是在「有商有量」的態度下繼續去討論事情。

我們再來看另外一個例子：

「我要的資料準備好沒有？」老闆問員工道。

「準備什麼資料呢？」員工問道。

「明天客戶的資料，你不是為我準備好了嗎？」老闆好奇地問道。

這些對話，在你我日常生活當中都常常會聽到。其實在這件事當中，老闆在之前根本就沒有向員工提起過要準備明天和客戶開會的資料；只是老闆忽然想起而需要看這些資料而已。

但這些說話看來，給該員工的感覺就好像做錯了似的；但其實錯不在員工，而是在老闆身上。可能老闆也沒有責怪的意思，但這種說話方式在員工聽來心中就很不是味兒了。

用「迫問法」達到目的，但失去了關係

假定對方做錯的說話，會令關係轉差，及形成對立的情況，這樣只有在表達不滿的時候才可以應用。例如你想爭取某一樣東西的時候，不過用這樣的說話的方式前就要考慮清楚了。一方面你要提高自己的優勢，

但另一方面你和對方的關係會轉差。最常見於客人對服務性行業的人員有要求時，我們會聽到以下的對話：

「經理，你們的帳單是否有問題？明明我們只有三個人，你卻算了四個茶位的價錢！」（假定對方真的算錯了帳單）

「對不起，雖然你們只是三個人，但由於你們在訂座的時候說是四個人的，所以我們就要算四個茶位的價錢了。」酒樓經理道。

「是這樣嗎？那你要一早跟我講清楚才對呀？」（假定對方做錯，客人認定酒樓應該一早就要告訴他）

「對不起，這點是我們疏忽，我們下次會留意的。」酒樓經理續道。

「那麼你這次是否應該幫我們取消這個茶位呢？」（假定酒樓幫他取消一個茶位）

「好的，沒有問題，打擾了。」酒樓經理抱歉道。

在以上這段對話中，很明顯我們看到客人可以用這種「迫問法」去得到他想要的東西——取消茶位，但失去了關係。

嘗試減少用「迫問法」，你會發覺自己的說話會漂亮很多。

誘技巧：職場上的 Yes & No

有個故事講，在酒足飯飽後，國王問大臣：「你們說，世界上什麼最難？」大臣回答：「世界上說話最難。」大臣沒有說出來的隱含的意思是：說話最難，尤其是和國王說話最難。

在一次講座中，我也問在場的觀眾：「誰認為自己很會說話的，請舉手。」數十個培訓學員中只有兩三個人舉了手，其他還是猶猶豫豫的。

對於這點，我同意。凡是有一定工作經驗的人都知道，說話容易，但是要把話說到位，非常困難。有的管理者講：當我會見求職者的時候，想看他能力的高低，只要看他說話技巧的高低，便可以略知一二。說話多麼重要！到底要怎麼樣才能說好話呢？這裡有幾個技巧和大家分享。

1 說話的時機

「成事不說」就是當公司或上司已經決定要做的事情就不要評價，不要講出自己的想法和建議，無論你認為這些建議和想法對公司有多大的好處，都要堅持不說的原則。

可是，在公司決定以前，你一定要把自己的想法說出來，因為這是你的職責，決定事情是公司的事，我們要認識清楚自己的職位和存在價值，不要給出超越職權的建議和想法，否則受到傷害的是你自己和公司。

生活中也是一樣，例如自己的女朋友為自己入廚弄菜，假如四個菜中只有一個好吃，你吃飯的時候會說那三個不好吃，還是說那一個好吃呢？一定是說那一個好吃，因為你說那三個不好吃也沒有用，再說好不好吃她和你一樣清楚，那為什麼要說呢？

工作中，這樣的事情也經常有，總公司任命了一個分公司經理，你自認為對他比較了解，他一定會把分公司搞垮。這個時候你要說嗎？如果你說了，難道就能改變總部的決定嗎？如果改變了，總部的權威何在？

說了，反而增加了總公司對你的不好看法，最終受害的只有你自己。所以說要在事前，而不是事情已經決定了以後。

2 不同事情，不同說法

對於壞事情，先說結果。先講結果，這樣就有了溝通的底線，剩下的時間就可以用來溝通怎樣解決問題。就像下面的貨運丟了貨物的故事：

分公司貨運到外地，丟失了貨物，銷售代表小王向經理做匯報。

「經理呀，出事了。今天早上我去拜訪客戶，一到就聽客戶說丟貨了。包被打開了，我想可能是被客車司機搞壞了，這裡已經報警了，我們在現場取證……」

「先別說那麼多，告訴我到底損失了多少！」經理生氣地說。

無論這個事情最後的處理結果怎麼樣，經理對小王已經有了不好的印象。感覺他辦事不牢靠，辦事能力不強。

3 試探性的説話：放話出去

很多時候説話不是要表明什麼觀點，而是要表明自己的態度，或者試探別人的態度。這樣的説話技巧是「放話」。

在政界這個辦法用的很多，經常是召開新聞發布會的方式，來表明自己的態度和試探別人的態度。

例如在美國九一一發生事件後，總統布殊發表了一則聲明來試探世界各國的反應和態度。第一個站出來的是俄羅斯，然後是英國、法國、中國等，先後表達了自己的立場。這樣美國就全面了解了世界的想法，為下一步的行動打下了基礎，這就是放話技巧。

企業中不可能召開新聞發布會來試探員工的反應，採取的可能是另外的方式。

Peter 開了一家銷售代理公司，初期廠家支持很大，業務發展非常迅速，於是 Peter 大規模地擴張。不久公司的資金出現了問題，營運費用太大，廠家看到了這種情況，也採取觀望的態度。於是你決定降低營運費

用，變「粗放管理」為「精細管理」，以爭取廠家的支持和長遠的發展。Peter的目標是打算降低50%的費用。但是Peter在猶豫，降低50%的費用是很難的，如果做不到會影響到自己的威信，Peter在猶豫，到底要怎麼辦呢？

不久從Peter秘書那裡傳來了一個小道消息。由於公司的運營成本過高，老總考慮要裁員50%，以渡過難關，裁員的名單正在草擬中。消息傳出，人人自危，都在想會不會是我？我最近表現怎麼樣？還有什麼方面做得不好，很多人開始在老總面前表現自己，更有人找老總談心、表白忠誠。

又過了幾天，有傳聞。老總考慮，裁員影響太大，將嚴重影響公司的形象和正常的業務，不裁員50%了，決定減薪50%。於是每個人都在算計自己的薪水，控制自己的開支，公司的士氣一片低落，甚至有人開始找工作。

突然有一天老總召開了全體員工的大會，會上老總嚴肅地講：「最近公司有兩種很離譜的傳聞，一種說我們公司要裁員50%，另外一種說我們公司要減薪50%。也不知道這種消息是從哪裡傳出來的，我們是一家正規的公司，我們有正常的資訊渠道，怎麼能允許小道消息傳播！我們一定要嚴厲查處相關人員，我們公司決不允許這種風氣存在！我們是以人為本的公司，員工是我們生存和發展的基礎。企業發展了，員工才能發展。員工滿意了，企業才滿意。對我們來講員工是我們最大的財富！我現在鄭重宣布，我們即不裁員也不減薪。」大家集體起立鼓掌，非常慶幸能擺脱這種厄運。

「但是大家不要高興的太早，我們的費用確實很大，如果我們不控制自己的費用，我們只有死路一條。一方面廠家對我們的信心將打折扣，另一方面我們沒有了利潤，怎麼生存？只有死路一條，一定是這樣的。我們只有唯一的辦法，就是嚴格控制費用。所以從明天開始，我宣布減少公司費用50%，具體計劃財務部已經做出來了，大家要嚴格執行。」全體員工集體起立，再次鼓掌，甚至有些員工流露出感激的淚水。

掌握這種方法是十分重要的，因為我們有時候要通過放話來試探對方的反應，這樣做出的決策才適當，才能顯示你的英明決策和英雄氣概。

4 不同的人說不同的話

所謂不同的人說不同的話，用另一種說法就是：「見人說人話，見鬼說鬼話。」這就是說：銷售代表要有廣博的知識和準確的識人能力，針對不同的客戶用不同的方式來對待。

如果遇到客戶像「鬼」，就用「鬼」的方式來對待他。下面的例子就是，銷售代表John和客戶王老闆溝通渠道獎勵的事情。

John：「你小子最近忙什麼？好久不見，也不給我電話。」

王老闆：「你小子怎麼不給我電話？我整天幫你賣貨，彷彿我是在為你打工呢！哈哈！」

小張：「談正經的，我們公司最近要做一個渠道獎勵。」

王老闆：「有話快說！有屁就放！我這邊很忙。」

小上：「你急什麼？是這樣的……」

如果遇到客戶象「人」，就用「人」的方式來對待他。

John：「王老闆，你好。我是阿John。」

王老闆：「你好，最近忙嗎？很久不見，最近有什麼新政策？」

John：「公司最近出來了一個渠道獎勵計劃，要和你談談。」

王老闆：「還要你多關照呀，具體怎麼操作呢？」

John：「是這樣的……」

如果客戶是一個紳士，就要用紳士的方式來對待。如果客戶是「流氓」，銷售代表也要變成「流氓」，只有這樣才能溝通到位。

Chapter 04

誘話必說：
讓說話成為你的最佳武器

如何在「講價」過程中佔上風？

一天，一對夫婦在步進時裝店的時候，立即被衣架上一件價值過千元的外套吸引住視線。不過，他們並沒有朝著那件大衣走過去，反而在店內四處遊遊逛逛，東摸摸這件，西試試那套。

他們不停的試穿衣服，店員也被二人弄得疲累不堪。

經過約個多小時後，這對夫婦也挑選不到合適的衣服。當他們正準備離開的時候，店員心想：「唉，這趟的生意又白做了！」

正當在他們將近步出門口之際，這對夫婦出招了。他們假裝不經意地看到那件心儀的外套一眼，然後問店員：「這件衣服賣多少錢？」

「一千元……」店員沒好氣地道。

「雖然這件衣服我也不是怎麼喜歡——」這對夫婦續說：「不過，看在你招呼了我們那麼久的份上，我就用七百元幫你買下吧！你看怎麼樣？」

「好吧……」店員心想既然招呼了二人那麼久，就平一點賣給他們吧。就這樣，這對夫婦用了比別人平三成的價錢達成買賣。

明明是一千元的外套，經過那對夫婦超卓的談判技巧，他們就用了七折的價錢成功買下。換句話說，超卓的談判技巧不但可以為你節省金錢，更幫你得到想要的東西。

「Life is trade off」

記得在以前，我也上過一些收費高昂的談判課程。但可能男女始終有別，我總覺得要一個堂堂男子漢，像「師奶」一樣地「講價」是件很難接受的事情；我總覺得要為那區區數元和別人「講價」，實在是浪費時間，如果處理得不好的話，更會和店員弄得不歡而散。

不過，後來我參加了一個關於談判技巧的講座。在活動中，負責主講的那位教授就說了一番話，令我對「講價」一事有新的體會。以下便節錄了他當天所講的幾句話：

「Life is trade off. Whenever a person wants something from you, he has to give something to you to exchange. That’s fair enough.」（該段說話的意思是：生活

就是交易，當有一個人向你要一些東西的時候，他就要給你一些東西作交換，這個是公平的。）在多年後，我越來越覺得這段說話很有道理，我亦因此改變了自己對談判（Negotiation）的看法。

分散對方的注意力

對「談判」感到難為情的人，往往是因為他們未懂得當中所用到的說話技巧而已。像篇首故事那對夫婦，他們顯然並沒有用到高深的談判技巧，只是將注意力分散，然後在臨走時作出「致命一擊」而已。

在店員的心目中，由於該對夫婦已一早表明自己並不怎麼喜歡那件外套，只是臨走前看了一眼，覺得衣服頗順眼，加上他們並沒有刻意「講價」，於是店員就覺得二人更是在幫助自己做生意！

夠神奇吧？

要成為談判高手，我們就要不停地練習，不停留意身邊的人和事才會有進步。不過，談判技術卻是現成的——只要你能夠掌握當中的技巧，再稍加練習，閣下自然能夠馬上成為談判專家。

1 拖延法：消磨對方的意志

像以上的夫婦的例子中，用的就是「拖延法」。意思就是：不停地在浪費時間，不停地在做一些不著邊際的舉動，到最後才瞄準獵物給予致命一擊。

不過，在施展這個技巧時，你要有相當的耐性及毅力和對方糾纏，並要有一定的「內心戲」，有時甚至要徹頭徹尾地對獵物表現滿不在乎的樣子。

2 轉移目標法：以「下馬」對「上馬」，必勝！

記得在一次產品銷售會議中，買方的優勢似乎並不明顯：因為買家只有一個人，而這個人看起來更像是目不識丁。相反，賣方的團隊則「高

手雲集」，例如當中有技術專家、電腦程式員、銷售經理等專才。

在產品介紹的環節中，賣方動用了相當的篇幅去介紹產品，並用上了大量的專業名詞。他們心想：看你的樣子傻傻戇戇，一切都是聽我們的好了；價錢我看還是可以提高提高再提高，嘿嘿！

可是，當產品介紹完畢，買方忽然開口問：「對不起，你們說的名詞實在太高深了，我一個都聽不懂；還有，我只是有興趣知道產品的功能，以及它能為我帶來什麼好處。對於產品背後的生產技術……抱歉我是一點也不明白、半點也不關心的。你能否再告訴我一次，這件產品的好處嗎？」賣方啞口無言，最後，這批產品以市價不到一半的價錢成交。

在適當的時候將大家的目光轉移，的確是一個很好的方法：將對方辛辛苦苦預備好的資料全盤否定！當他們自亂陣腳的時候，就是形勢扭轉的黃金時機。

3 先聲奪人法：讓群眾成為你的工具

一個售賣通訊器材的銷售員來到客戶的公司，介紹最新的電話通訊設備。

當完成介紹產品的工作後，這位銷售員正準備說出價錢。不料，客戶突然說：「時候不早了，我整天都沒有吃東西，倒不如讓我們邊吃邊談吧！」這位銷售員不知就裡，欣然答應。

來到餐廳，銷售員說出了價錢，是十五萬元。客戶隨即咆哮道：「不是吧？這套簡單的器材要賣十五萬元？你們是否騙人的公司？」

面對突如其來的反應，銷售員不知該如何面對。他當時只得好言相勸，希望客戶能盡快冷靜下來。可是，客戶這時像變了另一個人似的，對每樣東西都不滿意，並動輒咆哮，驚動了餐廳內的食客。

到最後，客戶為了給予該名銷售員一個下台階，好讓他能夠向老闆有所交代，於是他建議用十二萬元買下該套器材。而銷售員也致電上司，結果核准成交。

先聲奪人，就是以說話的語氣來震懾對手，擴張聲勢。在例子中這個客戶的突然變臉，使銷售員來不及反應。客戶就能把握這個時機，把價錢壓低了。

讓對方不得不接受你的「拒絕」

中國人有一個民族共通點，和人相處講求和睦，於是他們在將心比心的情況下，總會認為拒絕別人是一件不太好的事情。結果，令自己白花時間在一些不關自己的事上。

如何說「不」，是說話中一定要知的技巧。

據一項調查發現，約有七成的人都害怕在別人面前說「不」，大部分人都害怕拒絕人，而女性拒絕的機會又比男性為多。

可是，我們又有沒有想過：如果每件事情都答應人家的話，後果會是多麼的嚴重？

我有一個從事銷售工作的朋友。他每天都要面對大量的客人，而客人總會給他很多無理的要求，他總是一一答應。為此，他每天都要花大量額外的時間去處理這些問題，而令到自己的工作量多得不成比例。

問他為何會這樣？他道：「我發現每次當我說『不』的時候，客人都會用不大友善的態度對我，並質疑我的辦事能力。相反，當我答應人家的時候，他們都會對我表示很感激，可是我卻因此要花大量的時間去處理這些問題……」

其實，懂得說「不」是一件非常重要的事情，而懂得如何巧妙地說「不」，更是一種藝術。如果你在說話之中懂得利用它，便會為你的人生節省了很多寶貴的時間。

酒店經理巧妙拒絕客人

假設你是一名酒店經理，一位「大客」作出這樣的要求：他希望房務部能夠為他的房間每天打掃兩次，可是酒店的房務部一般都不會每天為客人打掃兩次房間。

那麼，你會怎樣回答呢？

如果你拒絕了客人，他便會感到不滿，嚴重的甚至會將投訴的聲音帶到你的上司，令你損失了這位大客。

在另一方面，如果你答應了他的話，你也有惹上麻煩的可能性：因為房務部未必因為你答應了客人，而願意額外為這位客人每天多打掃一次。

「Yes……But」是最厲害的武器

我們既不能得罪客人，也不能令公司白白蒙受損失。不過，凡事都要有交換條件。

在處理這個難題之中，你可以先答應對方的要求，然後再用「Trade Off（交換）」這個方法令自己公司減少損失或加重負擔。

客人有什麼可以和公司 Trade Off 呢？酒店當然不會要客人的東西，而是「錢」。

你可以這樣回答：「要一天清理兩次房間嗎？當然沒有問題！我們樂意之至！不過我們額外清理房間的費用是每次二百元。請問你何時需要這個額外的服務呢？」

這句說話精妙之處，是它既能答應客人的要求，也不但不會令公司蒙受損失而且，相反更能為公司帶來額外的收入！

客人如果答應的話，大家都欣然接受這個安排。不過，即使客人不答應，也不會得罪客人。

原來拒絕人的利器，就是先答應人家的要求，然後再給附帶條件，而這個條件，通常都是和金錢有關的。

你不妨在日常工作之中試試用這招，包保萬試萬靈：我剛才提及的那位朋友，他依照我這個方法行事後，工作量大大減低了超過一半。他不再怕客戶無理的要求，即使客人要他照做，也可以有一筆額外的收入，令自己付出的心血沒有遭白費。

「軟」「硬」推銷

在一個演講會之中，某公司的代表應邀成為座上客，席間他們有十五分鐘的時間推銷自己的產品。

該名代表甫上台，便馬上向觀眾派發申請表格，大聲地道：「只要你們填下這張表格，就可以成為我們的會員。注意！不申請絕對是你們的損失，我們公司的產品都是最好的。在入會之後，你們都會享有折扣優惠！」

由於在開始的氣氛就不怎麼愉快，所以即使該名代表在後來如此努力地演講，企圖挽救局面，也沒有多少人肯填下表格。

這是一個徹底失敗的演示會。

硬塞的東西只會讓人吐出來

演示會徹底失敗的關鍵，在於該名代表強銷的行為。

任何產品，只要你一開始就強迫別人購買，別人都不會就範的。他們都會想：「我為什麼要購買你的產品？」

真正的推銷技巧，不在於你說的話有多漂亮，而是別人對你的信心和感覺，以及對你所說的話引起的共鳴，從而提起興趣，繼續聽你介紹你的產品。

就像剛才的例子，在商業角度上，我們稱之為「硬銷」（英文又叫「Hard Sell」），意思就是不理會別人的喜好，一開始就將產品加以推介，很多時候都會帶來反效果的。

這樣的銷售效果，往往都是強差人意，因為人天生出來就擁有抗拒的本能。你不顧一切的去硬銷，大部分人都不會接受的。

要打動聽眾的心，我們就要用另外一個角度去銷售產品；這就是行銷學之中最熱門的話題：「口耳相傳」（Word of Mouth Marketing）。

繞個圈的「軟銷」技巧

在一次關於室內設計的座談會中，一位年青的講者在會上和觀眾分享 Coffee Shop 的設計點子。

講者一口氣展示三間由自己操刀的 Coffee Shop，詳細地講解當中的佈置，以及在設計背後的故事：他怎樣和顧客有良好的溝通，從而達到客人的要求，而經他設計的咖啡館生意不絕，令觀眾感到莫大的興趣。

會後，該名設計師被觀眾圍著，不停的向他討教有關 Coffee Shop 設計的問題。很多聽眾都問了他拿名片，並為他帶來不少的生意。

有趣的是，該名設計師在整個演講中，沒有向人家說過半句自己的生意，可是結果是出奇意料的好。

可是，整個座談會的最大得益者，卻是他自己。

由此可見，要成功說服別人，未必一定要將產品原原本本的向人家推銷——這種刻意不提生意的銷售技巧，就是「軟銷」。

含蓄地展示優勢

有時候，軟銷的效果遠大於硬銷。前者間接令顧客明白產品的好處，總好過直接向顧客推銷產品。

對此，我深有同感。

在一次命為「思想改變運氣」的講座中，我加插了半個小時的記憶術課程，目的是希望令參加者對「記憶術」有一個比較正確的認識，並懂得如何將之應用到日常生活上，改變人生，改變運氣。

沒想過在講座過後，觀眾都表現得十分雀躍，並表示自己很高興能夠接觸到這門學問。他們在會後不斷的發問問題，當時真有點「相逢恨晚」的感覺。

最後，觀眾強烈要求我開辦記憶術課程，我亦被他們的熱誠所打動，即場決定開辦，也得到了他們的支持。

坦白說，我從沒有想過會出現以上的情景。如果當時我存心推銷記憶術的課程的話，效果可能不會這樣理想，這些就是「Word of Mouth Marketing」的強大效果。

人相信自己看到的東西，相信自己的體會。這次他們可以這麼有興趣地報讀記憶術課程，就是因為他們感受得到我對記憶術的理念，對記憶術的熱誠；更重要的，是他們自己也感受到記憶術的好處：因為他們在半個小時的教學之中，已經馬上提升了自己的記憶力，可以毫無困難地記下二十樣東西和圓周率的頭四十個數字。他們自己的體驗，令到他們信心大增，原來記憶力是真的可以提升的。

所以，說話除了要有技巧，將話說得滴水不漏之外，也要學懂怎樣將自己想要推銷的物件間接加插在對方的腦海之中，從而引起對方的興

機關槍與剎車聲

一句充滿魅力的說話，可以令聽眾的情緒變得積極及充滿希望；與人工製造的外形相比，完美的嗓音更能表達一個人的個性及特質。

說話除了要注意內容和表達方式之外，我們也要留意聲線的控制，這樣你才能夠將說話技巧提升。

聲音佔整體的38%

據美國的專家表示，要將一段說話內提供的資訊完全送給對方，單靠說話內容並不足夠，因為說話內容只佔整體的7%。如果再加上適當的語氣、聲調和語速的話，就能將有效度再提升百分之38%；如要再進一步提高傳達效率的話，你就要加上適當的身體語言，或依靠輔助物品，這些視覺上的接收，佔總體的55%。

由此可見，即使閣下的説話內容是如何豐富、如何言之有物，我們也要通過適當的身體語言和吸引的聲線來表達出來。讓我們來看一看怎樣利用聲線來提高你的説話的可聽性。

聲線尖銳不是好事

我有一些朋友，天生嗓子響亮，音頻傾向於高及尖。每次我和他們説話的時候，我的耳朵都會有「受罪」的感覺，就好像不停聽到了剎車聲一樣。他們都有一個特點，就是當他們的情緒越興奮的時候，説話的聲音就會越高，且一味自顧自話也不會覺得疲倦——這無疑是一種失敗的溝通方式。

雖然人的聲線是天生的，後天很難去作出改變。不過，我們還是可以透過控制聲線的大小、説話速度的快慢，以及音階的高低，令自己的聲線更具吸引力。

1 聲線的大小

不同的人，聲音也不同：有些人天生嗓門響亮，即使努力壓低聲音，別人還是覺得很大聲；有些人天生聲線柔弱，無論怎樣叫破喉嚨，聲線也是像蚊子般弱小。於是，我們就要在兩者之間取得平衡：聲線過大的，就要儘量留意壓低聲音；聲線過小的，就要儘量提高聲音。

說話聲線的標準，以被別人清楚聽到為準則，但也不宜太過大聲，我們可以問問朋友，就可以知道自己的聲線是怎麼樣了。如果說話聲線過少的話，別人根本就聽不到你在說什麼，又或者要花很多心神去聽你的說話；這樣即使你說話的內容有多精采也好，別人都不會感受得到。

2 速度的快慢

有些人的腦筋轉得很快，所以說話也比較急促，給人一種壓迫的感覺；有些人說話過於淡定，讓人沒法耐著性子聽完，這些都應該儘量避免。

太快的語速會令人聽不明白，也無法及時了解你想說的東西，我們要明白一點，說話的目的不是要鬥快將話說完，而是要有效地令對方聽清楚你在說什麼。

不過，說話太慢也會令別人覺得不耐煩，所以我們要用適中的語速來說話。此外，咬字也要力求清楚，口齒不清的人會不能將說話內容清楚表達；多留意就可以避免這種問題。

3 音階的高低

什麼？說話也有音階？沒錯，說話和唱歌一樣，都會有音階之分。唱歌有高低音，說話也有高低音。同一句說話，利用不同的音階讀出會有不同的效果。

以下這段對話，我在唸小學的時候已經學過，這段對話的特色是四句都是同一組文字，但語氣不同，所表達的也會有所不同。它的內容是這樣的，大家不妨試試？

媽媽：「吃過晚飯了？」（用常見問問題時的語氣）

兒子：「吃過晚飯了。」（沒好氣地回答）

媽媽：「吃過晚飯了？」（不相信，質問的語氣）

兒子：「吃過晚飯了！」（肯定，堅定的語氣）

由以上的對話當中，我們可以看到一點：當要說同一句句子，不同的語氣會有不同的效果，這些就是音階高低的分別了。

說話沉悶的人，大多數的音階都不是很廣。一般來說，都是在五個音階左右。意思就是他們說話都沒有高低音，說什麼都是用很平淡的語氣，即使內容精采也會給人沉悶的感覺，而一般人都是在八個音階左右。如果經過訓練或自我注意的話，我們是可以將音階增加至三十個的，廣泛的音階會令你的說話增加吸引力。

不過我們也要留意一點，就是廣泛的音階、說話有高低音並不等於「造作」。在不適當的時候，用不適當的語氣來講話的情況，就一定要避免。

「得你講無人講」是大忌

「對話是雙向的，不是單向；也因此解釋了為何我們很少聽到精采的對話。」——Truman Capote

原來，大部分人都忽略了「對話」的真正意思，以為自己將話說完，就是對話。「對話」其實是雙向的，即是除了自己說話外，對方的說話同樣重要。

要讓對方有發表的空間

我們在談話的時候，很多時只會自己不停的講，而忽略了「雙向性」。

說話是雙向的，道理就好像打網球一樣，有來有往才對。這個「對」字很有意思，兩個就是「對」，一個並不是「對」。

如果兩個人在對話的時候，只有一方不停的說，而另一方只有聽的份兒的話，這就不是「對話」，而是「說話」，更甚者是「訓話」。

訓話是沒有意思的，所以我們在說話的同時，也要不時留意對方的身體語言，看看他是否在同意自己所發表的意見，而且也要在適當的時候停頓，給對方發言的機會，這樣才能達到溝通的目。

永遠不會知道的秘密

在適當的時間作出停頓，給對方有發言的機會還有一個好處，就是我們可以了解對方心中所想，以及知道自己所說的話對方是否聽得明白。

大部分人都有一個通病，就是以為自己說出去的東西，對方會 100% 接收得到，可是事實並非如此。

我曾遇過一個天主教徒，當時我只問了他簡單的一句：「你是天主教嗎？那你通常會到哪間教堂進行守望彌撒？」可是對方就不停的在談論有關天主教的事情，由彌撒的儀式開始，一直到教義、聖經……這些顯然是我不感興趣的事情。

剛才那名天主教徒所犯的說話禁忌，其實就是大部分人的通病——對自己感興趣的東西，會下意識地覺得對方都一定有興趣。在那次對話當中，我不但覺得沉悶無比，也覺得對方不曾留意過我對這個話題不感興趣。

從那時起，我就明白到適時停頓，讓對方發表一下自己的意見是必須的。

回想那次遭遇，我曾施展渾身解數去令對方終止談話。包括：不停的看錶、身體不停搖晃，可是對方顯然並沒有察覺。直至最後，我不得不說一句：「對不起，我還有事情要做，改天再談吧！」才令談話終止。

如果對方可以顧及我的感受，給多些機會我發表自己的意見的話，我可以巧妙地轉換話題，令到談話的氣氛緩和起來，然後再來說一些大家都感興趣的事情。

說話時不妨加上自己的見解

另一個談話的技巧，就是當對方給你發言的機會時，自己應把握時機，因應著對方所說過的東西加以整理，然後再加上自己的個人見解進去，並將對方所說過的話加以整理，在語言學上稱為「Paraphrase」。這種做法可以令對方知道你已經了解他說話的內容及所想表達的意思，而再加上個人的見解，可以令對方有進一步表達的空間。

我最怕遇到的，就是我說什麼對方都只是點頭，或是說「Yes」或「No」的人。這種人，我根本就不知道他是否明白我的說話；我反而喜歡一些熱衷於問問題的人。因為這證明他對你所說的話題感到興趣，而大家也有互動的機會；什麼也不說的人，雖然比較少見，但也不是完全沒有。

在我的論命生涯中，我就遇過一個這樣的客人，在四十五分鐘的論命過程中，她完全不發一言，只有我在問她是否明白的時候，我用盡了方法都不能令她多說幾個字，她每每都只是略點一點頭，連說話的興趣也沒有；這種情況實在罕見，到現在我還是不知道她是否真的明白她一生的運勢怎麼樣。

我當時沒有說出口的是，像她這種不發一言的態度，我敢肯定她在事業上，家庭上都一定會遭受到極大的阻礙。

1 多問「開放式問題」

換個角度來看，如果我們看到一些說話不怎麼主動的人，大部分時間都只是說「Yes」或「No」的人，我們也可以問一些「開放式問題」令對方主動說多一些自己心中的想法。例如：

「你是否同意增加銷售稅？」（這個是封閉式問題，對方只能答「是」或「否」）

「你對銷售稅的看法怎樣？」（這個是開放式問題，對方可以就你的問題有多個答案）

2 用「跟進式問題」作輔助

即是當對方回答你的問題時，你可以再加一句「為什麼」來誘導對方再說多一些自己的見解。

如上述的例子之中，對方說了對銷售稅的看法，我們假設他是贊成的，如果再加上「為什麼」的話，他就會說得更多。

再配合前文所述的「讚美說話」，這段對話就非常之好了。

理想互動的對話

「你對銷售稅的看法怎樣？」（開放式問題）

「噢？是這樣嗎？這個見解很有趣呢！我以前都沒有聽過。」（讚美說話）

「你為什麼會有這樣的看法呢？」（跟進式問題）

如果我們能夠在日常生活之中多加利用這種技巧，你和別人的對話當中就會增加互動性，使別人覺得和你談話是有趣的，而且你也會比別人聽到更多的東西。

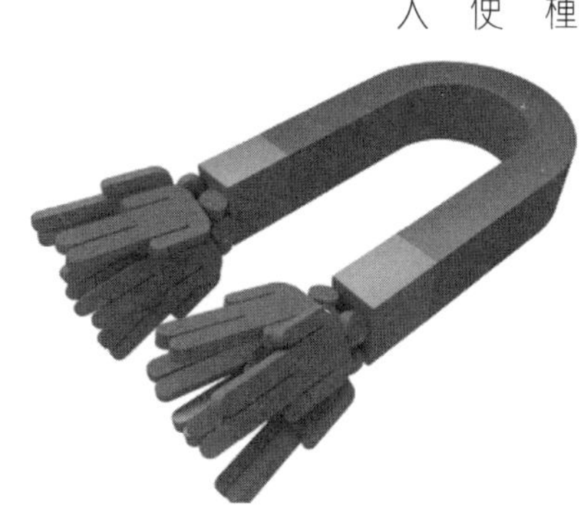

看得喜 放不低

創出喜閱新思維

書名　潛台詞 誘導心理學 THE UNSPOKEN WORDS
ISBN　978-988-79714-6-7
定價　HK$88 / NT$280
出版日期　2019年12月
作者　龍震天
責任編輯　文化會社編委會
版面設計　梁文俊
出版　文化會社有限公司
電郵　editor@culturecross.com
網址　www.culturecross.com
發行　香港聯合書刊物流有限公司
地址：香港新界大埔汀麗路36號中華商務印刷大廈3樓
電話：（852）2150 2100
傳真：（852）2407 3062

認識文化會社　culturecross@ymail.com　t.sina.com.cn/culturecrossbooks